Leitfaden

zur

Vorbereitung, Durchführung und **Nachbereitung**

von Einstellungsgesprächen

Herstellung und Verlag:
Books on Demand GmbH, Norderstedt
ISBN 978-3-8391-1899-3

Impressum
© 2009
Autor: Michaela Radler
Layout: $\mathcal{B}$ - Design E-Mail: BRdesignagentur@aol.com

INHALTSVERZEICHNIS

ANFORDERUNGSKRITERIEN...7
Anforderungskriterien festlegen – Wie funktioniert das?.................8

SYSTEMATISCHE SICHTUNG DER BEWERBUNGSUNTERLAGEN 11
Gute Noten, schlechte Noten – Das Arbeitszeugnis.....................20
Einfaches Zeugnis..21
Qualifiziertes Zeugnis 23
Checkliste..25
Zeugnisbeispiele...26

FRAGETECHNIK...31
Grundlagen der Fragetechnik 31

INTERVIEW..36
Inhalte...36
Vorbereitung...37
Systematischer Ablauf...38
Der Fragenkatalog: Fragen und ihre Bedeutung.........................44
Auswertung...44
Fehler 48
Absicherung der Entscheidung 49

PRAXISTEIL..51
Übersicht Unternehmensdaten 53
Checkliste für das Interview 54
Fragenkatalog 55
Unzulässige Fragen im Vorstellungsgespräch 74
Klassische Beurteilungsfehler 80
Negative Informationen in Arbeitszeugnissen.............................84
Gebräuchliche Codierungen in Arbeitszeugnissen 85
Auswertungs-Vorlage 91

Die **Welt** eines jeden **Personalverantwortlichen** wäre so **schön**, gäbe es nur **spitzenqualifizierte** Bewerber.

Man könnte sich eine Menge Arbeit sparen und müsste auch keine finanziellen Verluste bei einer Fehlentscheidung befürchten.

Doch wie sieht es wirklich aus?

Ein großer Teil von Bewerbern fälscht Zeugnisse, lässt sich die Bewerbungen von Dienstleistern schreiben und erzählt im Vorstellungsgespräch die ein oder andere erfundene Story. Es ist mitunter sehr schwer (geworden), den „Richtigen" für eine bestimmte Arbeitsstelle und ein bestimmtes Arbeitsumfeld zu finden. Ein weiterer Punkt in diesem Zusammenhang ist, dass die Bewerber selbst höhere Ansprüche an ihre zukünftigen Arbeitsplätze stellen und so ein geeignet scheinender Kandidat sich beispielsweise für ein Konkurrenzunternehmen entscheidet.

Um die Passung des Bewerbers auf die Stelle erkennen zu können, ist es nötig, die zentralen Merkmale der freien Stelle und die zentralen Qualifikationen des Bewerbers anhand der Bewerbungsunterlagen und eines gut vorbereiteten Gespräches auf ihre Übereinstimmung zu untersuchen.

Der Anforderungskatalog
...ein Schloss, für das Sie den passenden Schlüssel suchen...

Bevor man die Einstellungsgespräche für eine bestimmte Stelle plant, ist es wichtig, die zentralen Eigenheiten genau dieser Stelle festzulegen. Welche Merkmale und Qualifikationen sollte ein Bewerber haben, um bei der Tätigkeit erfolgreich zu sein?

Um die Auswahl des geeigneten Kandidaten rational und zielgerichtet durchführen zu können, legt man also Anforderungskriterien fest, welche für die Stelle bedeutsam sind.

Anforderungskriterien festlegen – Wie funktioniert das?

Während die fachliche Qualifikation recht leicht über die Bewerbungsunterlagen zu ermitteln ist, erfährt man persönliche Eigenschaften von den Bewerbern wesentlich schwerer. Um das Gespräch später in einem vertretbaren Zeitrahmen zu halten und sich auf tatsächlich wichtige Punkte zu beschränken, sollte das spezifische Anforderungsprofil nicht mehr als acht Anforderungskriterien enthalten.

Um dies zu erreichen, entwirft man zum Beispiel mit Hilfe von Kreativitätstechniken wie dem „Brainstorming" einen Katalog von stellenspezifischen Anforderungen. Man sammelt in diesem Fall in einer Gruppe zunächst alle Vorschläge, ohne sie zu bewerten. Im zweiten Schritt gewichten die Teilnehmer alle Anforderungen. Im endgültigen Katalog sollen nur die Kriterien enthalten sein, welche die Gruppe als Erfolgsfaktoren für die spezifische Tätigkeit identifiziert hat.

Zu Zwecken der Ökonomie wird im Allgemeinen ein Anforderungsprofil für mehrere, miteinander verwandte Stellen entwickelt und entsprechend nur leicht bezüglich der Schwerpunkte abgewandelt.

Beispiel für einen Anforderungskatalog:

Für das Call Center eines großen Automobilkonzerns wird ein KFZ-Meister gesucht, der den Telefonagents unter anderem beratend zur Seite steht. Er soll diesen gegenüber weisungsbefugt sein und bei Engpässen auch selbst Telefonate führen. Folgender, hierarchisch nach Wichtigkeit geordneter Anforderungskatalog mit den benötigten Qualifikationen wurde entwickelt:

1. **Fachliche Qualifikation:**	KFZ - Meister, Call Center Erfahrung
2. **Berufsmotivation:**	Erkennbarer Wunsch nach Weiterentwicklung
3. **Problemlösefähigkeit:**	Kann Prioritäten setzen
4. **Praktische Urteilsfähigkeit:**	Erfahrung in der Beurteilung von KFZ - Schäden
5. **Belastbarkeit:**	Soll in Schichten arbeiten, unter anderem auch nachts, Stressresistenz bei hohem Anrufervolumen
6. **Initiative:**	Bereitschaft zur Übernahme von Aufgaben aus anderen Bereichen
7. **Aufgeschlossenheit:**	Ungezwungenes, offenes Verhalten gegenüber Kollegen
8. **Führungsverhalten**	Führungsstil soll moderat sein (nicht autoritär oder laissez faire)

Der erforderliche Ausprägungsgrad jedes einzelnen Kriteriums kann je nach Anforderung der betreffenden Stelle variieren. Dies ist vor allem wichtig, wenn man das Profil in unterschiedlichen Unternehmensbereichen einsetzen möchte. So kann im Beschwerdemanagement des Call Centers eine hohe Ausprägung an Stressresistenz für den Mitarbeiter wichtiger sein als im Marketingbereich.

Die Erstellung eines Anforderungskataloges bedeutet eine bewusste Reduktion der Stellenanforderungen auf maximal acht Kriterien. Eine Gefahr, die diese Reduktion mit sich bringt ist, dass man nach einer gewissen Zeit nicht mehr genau weiß, welche Bedeutung die abstrakt definierten Stellenkriterien haben. Ein Beispiel ist das Kriterium Belastbarkeit. Was genau versteht man bei der spezifischen Stelle darunter? Im obigen Beispiel wurde das, was das suchende Unternehmen darunter versteht, ebenfalls notiert. Das ist eine sinnvolle Methode, dem Vergessen entgegenzuwirken.

Ein weiterer Vorteil besteht darin, dass auch fachfremde Kollegen die einzelnen Kriterien nachvollziehen können. Erwähnt man auch den erforderlichen Ausprägungsgrad (sehr wichtig, wichtig, nicht so wichtig) ist die Verständlichkeit perfekt.

Beispiele für Konkretisierungen der Kriterien:

BELASTBARKEIT

- ◆ zeigt Selbstsicherheit auch unter Druck
- ◆ wahrt den Überblick, bleibt konsequent und zielgerichtet
- ◆ Leistungsniveau bleibt konstant
- ◆ bleibt auch bei Widerspruch/Gegenargumenten ruhig und sachlich

BERUFLICHE MOTIVATION

- ◆ hat klare berufliche Ziele
- ◆ weiß, was er/sie erreichen möchte

INITIATIVE

- ◆ erkennt und erledigt Arbeitsaufträge,
  ohne dazu aufgefordert zu werden
- ◆ fragt aktiv nach Weiterbildungsangeboten
- ◆ bleibt bei Schwierigkeiten länger am Arbeitsplatz

Sie merken es wahrscheinlich, die Erstellung eines Anforderungskataloges ist mitunter eine recht subjektive Angelegenheit. Richtig so, denn der Mitarbeiter soll ja auch zu Ihnen und Ihren Vorstellungen passen. Die Entwicklung des Profils in einer Gruppe sorgt dafür, dass mehrere Meinungen gehört und umgesetzt werden, vor allem auch derjenigen, die später mit dem „Neuen" zusammenarbeiten. Teilnehmer dieser Gruppe können unter anderem Vorgesetzte und Kollegen des zukünftigen Mitarbeiters sowie Fachspezialisten sein.

So, nun sind Sie dran. Gibt es in Ihrem Bereich schon Anforderungsprofile? Nein? Vielleicht haben Sie ja jetzt Lust, eines zu entwerfen. Sie werden erstaunt sein, welche Ideen Sie haben und um wie vieles klarer Ihnen die Profile im Gedächtnis bleiben. Bauen Sie Ihr eigenes Schloss und gehen Sie auf Schlüsselsuche!

Systematische Sichtung der Bewerbungsunterlagen

Eine ausführliche Bewerbung besteht in der Regel aus folgenden Unterlagen:

+ **Anschreiben**
+ **Lichtbild**
+ **Tabellarischer Lebenslauf**
+ **Zeugnisse / Referenzen**

Ein genaues Studium der Bewerbungsunterlagen hilft sehr, das Vorstellungsgespräch effizienter durchzuführen. Eine Bewerbung vermittelt Informationen keineswegs nur über bestimmte Fakten. Sie vermittelt – mehr oder weniger ausgeprägt – auch Informationen über Einstellungen und Haltungen eines Menschen (z.B. die Sorgfalt). Oftmals kann man zwischen den Zeilen sowie aus der

Gesamtbetrachtung der Unterlagen erkennen, ob der Schreiber überhaupt weiß, was er will; ob er einen Begriff hat von der Tätigkeit, um die er sich bewirbt. Jede Bewerbung ist – ausführlich gelesen – eine mehr oder weniger gelungene Kommunikationsform.

Es ist üblich, dass jede schriftliche Bewerbung ein Anschreiben enthält. Dieses sagt etwas darüber aus, ob sich der Bewerber mehr hinter formellen Äußerungen verschanzt oder ob er in einem bewusst kommunikativen Sinne offen auf die ihm noch unbekannte Bewerbungssituation zugehen kann.

Aber: Das Anschreiben muss nicht von dem Bewerber selbst stammen. Vielleicht ist er ungeübt und hat sich von einem Freund oder einer Agentur helfen lassen. Inhalt und Form des Anschreibens sind insbesondere dann von untergeordneter Bedeutung, wenn die Unterlagen vollständig, aussagekräftig und vor allem für Sie interessant sind. Auffallende Ausführungen im Anschreiben sollten höchstens aufmerksam machen und dazu dienen, entstandene Vorurteile mit den übrigen Bewerbungsunterlagen und insbesondere im Vorstellungsgespräch besonders genau zu überprüfen. Ohne weitere Unterlagen können ungünstige Anschreiben allerdings leicht dazu verführen, auf eine Nachforschung zu verzichten.

Die Beachtung von unvollständigen Bewerbungsunterlagen sollte man letztendlich davon abhängig machen, wie viele Bewerberalternativen sich noch bieten. **Grundsätzlich gilt:** Fühlen Sie sich angesprochen? Haben Sie den Eindruck, der Bewerber möchte zu Ihnen? Oder sind sie eher Nummer 39 in einer langen unspezifischen Bewerbungskette…

So kann ein Anschreiben aussehen...

09.04.2009

Autowerkstatt Hupken
Mitteländer Straße 3

30111 Berlin

Bewerbung

Ich möchte gerne bei Ihnen als Kraftfahrzeugmeister arbeiten. Ich habe
schon bei der Firma Jannsen gearbeitet. Meine Papiere sind vollständig,
die kann ich Ihnen schicken. Die firma Jannsen war sehr zufrieden mit
mir. Ich kann vor allem gut lackieren.
Über meinen Verdienst können wir reden.

Freundliche Grüße,

Jan Meister

Oder so...

Eliane Münster   Forwährntstraße 3   30111 Berlin   Tel.: 0179-885433   eliane.muenster@gmx.de

19.06.2009

Norman Filmverleih und Produktion GmbH

Alte Ziegelei 14

30111 Berlin

Bewerbung

Sehr geehrter Herr Mailänder,

mit sehr großem Interesse habe ich Ihren Internetauftritt gesehen. Es fasziniert mich, welche vielfältigen Aufgaben Ihr Unternehmen als „Sprachrohr" zwischen den Kulturen bereithält.

Neue Regisseure, kulturspezifische Geschichten und unbekannte Anschauungen aufzuspüren und dem interessierten Publikum im Kino näher zu bringen ist eine herausfordernde und sehr spannende Aufgabe. Andersartige Sichtweisen und Themen – filmisch dargestellt - durfte ich schon während meines Studiums der Medienwissenschaften kennen lernen.

So habe ich beispielsweise bei Cineopolis, einem Kulturkino, als Filmvorführerin eigenständig Filmreihen erstellt, die uns von jungen Regisseuren angeboten wurden. Im Rahmen meines siebenmonatigen Praktikums bei einem Filmproduzenten in Hollywood durfte ich die gesamte Palette der Filmerstellung kennen lernen und selbstständig Aufgaben wie das Anweisen der Schauspieler übernehmen. Tätigkeiten wie die Auswahl geeigneter Filme, die Programmgestaltung und das Sponsorenmanagement sind nur ein Teil der Aufgaben, bei denen ich fundierte Erfahrungen im Bereich des Hollywood-spezifischen Genres und dessen Marketing sammeln konnte.

Im Bereich der Presse- und Öffentlichkeitsarbeit habe ich mir bereits als Volontärin bei den internationalen Kurzfilmtagen in Mailand sowie der Oskarverleihung gute Kenntnisse angeeignet. Hier bot man mir die Möglichkeit, enorm selbstständig tätig zu sein. So konnte ich beispielsweise druckreife Beiträge für den Festivalkatalog zusammenstellen, das komplette Management für die Fachreferenten übernehmen, die Moderation der Veranstaltung durchführen, die eingeladenen Regisseure betreuen und vieles mehr.

Aufgrund meiner Referenzen wurde ich für ein erneutes Volontariat in Mailand, das im Mai 2009 stattfinden wird, eingeladen. Hier bot man mir die Möglichkeit, die Leitung des Regisseurnachwuchswettbewerbes zu übernehmen und in diesem Rahmen zusammen mit von mir betreuten Praktikanten ein Sonderprogramm zum Thema Schulentwicklung in Thailand zusammen zu stellen. Diese Aufgaben sind sehr interessant für mich, jedoch möchte ich gerne eine langfristige Perspektive für meine berufliche Zukunft erreichen. Mein Wunsch, fern des Mainstream-Filmes kulturpolitisch zu arbeiten und den Film als eigenständige „Kunstform" dem Publikum nahe zu bringen – zusammen mit der Möglichkeit, ein Bewusstsein für andere Kulturen und fremde Lebensformen zu wecken, spiegelt sich eins zu eins in Ihren Tätigkeiten wider. So würde ich unglaublich gerne die Chance wahrnehmen, in Ihrem Unternehmen gemeinsam mit Ihnen den Blick in die Welt zu wagen.

Ich grüße Sie freundlich,

Eliane Münster

Der Unterschied liegt auf der Hand: Das erste Anschreiben wirkt mit den kurzen Angaben und dem Rechtschreibfehler nicht gerade ansprechend, beim zweiten Anschreiben hat sich der Bewerber Gedanken gemacht – nicht nur über das, was er will, sondern auch über den Adressaten des Schreibens.

Aber: Hat Frau Münster Ihr Anschreiben selbst verfasst oder eine Agentur… Deutlichere Informationen erhalten wir unter anderem durch Arbeitszeugnisse, Bescheinigungen und letztendlich im Gespräch.

Lichtbild

Gehen Sie unbefangen an die Betrachtung des Lichtbildes heran und sagen Sie sich: So also will der Bewerber auf seine Mitmenschen wirken. Schließlich hat er das Lichtbild gewählt, weil es ihm in einem gewissen Umfang wahrscheinlich selbst gefallen hat. Wenn Sie dem Bewerber später im Vorstellungsgespräch gegenübertreten, vergleichen Sie den Eindruck, den Sie von dem Foto empfangen haben mit dem Eindruck, den er in der konkreten persönlichen Begegnung auf Sie macht. Will er sich über sein Lichtbild korrigieren? In welche Richtung? Hat er Grund dazu, anders wirken zu wollen? Schildern Sie ihm Ihre Eindrücke und fragen Sie ihn!

Lebenslauf

> **Der tabellarische Lebenslauf enthält im Wesentlichen vier Informationsschwerpunkte:**
>
> 1. Die persönlichen Daten
>
> 2. Die Chronologie der Ausbildungszeit
>
> 3. Die Chronologie des beruflichen Werdegangs
>
> 4. Spezielles Know-how und Freizeitinteressen

Der Lebenslauf ist in dem Vorstellungsgespräch ein wichtiger Fragehintergrund. War das Anforderungsprofil das vorgegebene Schloss, so ist der Lebenslauf wenigstens im Ansatz der Ihnen zum Angebot gemachte Schlüssel. Die beiden müssen nun auf ihre Passgenauigkeit hin überprüft werden.

Wichtige Fragen:

+ Wo finde ich die einzelnen Punkte unseres Anforderungsprofils wieder?
+ Ist der Lebenslauf lückenlos? (Nicht angeführte Zeiträume sollen im Interview auf jeden Fall angesprochen werden, denn meist sind diese Lücken weder Zufallsprodukte noch Flüchtigkeitsfehler!)
+ Zeigt die Laufbahn Besonderheiten? (Häufige Schulwechsel oder ähnliches)
+ Welche Aus- und Weiterbildungsaktivitäten wurden besucht?
+ Welche Freizeitinteressen hat der Bewerber? Unterstützen diese vielleicht den gewählten Beruf oder droht ein häufiger Ausfall durch Verletzungen?

Ein Beispiel für einen aussagekräftigen Lebenslauf:

Lebenslauf

Persönliche Daten

Hannah Meister
geb. 13. Mai 1970
in Münster
ledig, keine Kinder

Schule

1981–1987	Realschule Münster, Abschluss: Mittlere Reife

Ausbildungen und Studium

08/1987 – 07/1988	Aupair, Frankreich
08/1988 – 01/1991	Ausbildung zur Industriekauffrau Meister Motorenbau, München, Industrieabschluss: IHK
09/1991 – 01/1993	Industriekauffrau, Meister Motorenbau
02/1993 – 07/1996	Allgemeine Hochschulreife Erwachsenenbildungsschule München
10/1996 – 04/2003	Studium der Anglistik/Amerikanistik und der Kulturwissenschaft, Universität München
10/1999 – 07/2000	Ethnologisches Feldforschungsprojekt (Planung, Evaluation, Analyse, Interview)

| 04/2003 | Magistra Artium der Anglistik/Amerikanistik |
| | Universität München (Gesamtnote: 1,0) |

| Magisterarbeit | „Kontroversen der Filmtheorie: Die Rezeption |
| | von Quentin Tarantinos Filmen" (Note 1,0) |

Berufspraxis

Während des Studiums

05/2000 – 11/2000	Praktikum, Kinopolis, München
	Künstlerische Leitung, Planung und Koordination
	des 10. Kinder- und Jugendfilmfestes

| 10/2002 – 06/2003 | Dialog-Marketing |
| | Kundenbetreuung in englischer Sprache |

Nach dem Studium

| 10/2003 – 11/2003 | Praktikum, KunstFilmBiennale, Köln |
| | Eventmanagement |

| Seit 07/2004 | Datenbankorganisation und -pflege, |
| | Meyer und Co. KG, Köln |

Sonstige Kenntnisse

Sprache	Englisch + Französisch,
	schriftlich und mündlich sehr gut
EDV	MS-Office Paket

30. November 2004

Hannah Meister

Hannah Meister

Das Arbeitszeugnis
... Gute Noten, schlechte Noten ...

„Herr Müller war faul und aufsässig. Er drückte sich um die Arbeit, wo er nur konnte und nervte Kollegen wie Vorgesetzte. Deswegen haben wir stets versucht, ihn so schnell wie möglich wieder loszuwerden." Eine solche Bemerkung im Arbeitszeugnis wäre zwar gelegentlich angebracht, man wird sie aber nie lesen können. Die Gerichte sagen klipp und klar: **Werturteile im Arbeitszeugnis dürfen nicht die ungeschminkte Wahrheit enthalten, sondern müssen sich an den „allgemein üblichen Maßstäben" orientieren.** Um dennoch die speziellen „Qualifikationen" beispielsweise von Herrn Müller weitergeben zu können, haben Personalchefs so ihre Tricks entwickelt. Zum einen gibt es ganz offizielle Abstufungen, die man in Fachbüchern nachlesen kann (so genannte Codes). Zum anderen existiert auch eine Art Geheimsprache, in der besonders heikle Aspekte ausgedrückt werden. Ein Beispiel sind Punkte oder Kommas an ungewöhnlichen Stellen, die auf eine politische Aktivität oder Zugehörigkeit zum Betriebsrat hinweisen sollen. Das Verwenden dieser Geheimsprache ist übrigens gerichtlich untersagt, kann aber selten nachgewiesen werden.
Wie würde man Herrn Müller durch die Blume sagen, dass er die meiste Zeit nur auf der faulen Haut lag? „Er hat sich bemüht, der geforderten Einsatzbereitschaft zu entsprechen", könnte es heißen. Alleine das Wort „bemühen" lässt bei einem fachkundigen Leser des Zeugnisses alle Alarmglocken läuten. Es bedeutet nämlich, der Betroffene ist über das Versuchsstadium nicht hinausgekommen.

Formaler Aufbau:

Das Bundesarbeitsgericht (Urteil vom 3. März 1993) hat die äußere Form von Zeugnissen festgelegt, an die sich jeder Aussteller halten muss:
Das Zeugnis muss mit einem ordnungsgemäßen Briefkopf ausgestattet sein, aus dem der Name und die Anschrift des Ausstellers erkennbar sind. Das Zeugnis

muss sauber und ordentlich geschrieben sein und darf keine Flecken, Radierungen, Verbesserungen etc. enthalten. Der Unterschrift (Vor- und Nachname sind ausgeschrieben) ist ein Firmenstempel beizufügen. Ferner muss das Zeugnis in einheitlicher Maschinenschrift abgefasst sein.

Grundsätzlich gibt es zwei Zeugnistypen:

Das **einfache** und das **qualifizierte** Zeugnis.

Einfaches Zeugnis

Das **einfache Zeugnis** findet sich vor allem im gewerblichen Sektor bei weniger qualifizierten Tätigkeiten. Es wird häufig auch dann ausgestellt, wenn das Arbeitsverhältnis sehr kurz war oder innerhalb der Probezeit beendet wurde. Auf Grund der kurzen Beschäftigungsdauer ist hier in der Regel keine Grundlage für eine genaue Beurteilung gegeben.

Das einfache Arbeitszeugnis muss folgende Angaben enthalten:

Angaben zum Unternehmen

- Name
- Unternehmenszeichen
- Unternehmenssitz
  (normalerweise alles auf dem Briefkopf ersichtlich)

Angaben zur Person des Arbeitnehmers

- Vor- und Familienname, ebenso der Mädchenname
- Zusatz Herr / Frau
- Geburtsdatum und Ort
- akademische und öffentlich-rechtliche Titel (keine betriebsinternen Titel)

Dauer der Beschäftigung

- Eintrittsdatum
- Austrittsdatum

Genaue Beschreibung der Beschäftigung bzw. der Tätigkeitsschwerpunkte

Schlussangaben

- Ort
- Ausstellungsdatum (muss nicht mit Austrittsdatum übereinstimmen)
- Unterschrift/en

Die Ausführlichkeit der Tätigkeitsbeschreibung geht mit der Art der ausgeführten Tätigkeit einher. Für einen Arbeitnehmer mit Personalverantwortung finden sich beispielsweise Angaben darüber, wo er gearbeitet hat, wie viele Mitarbeiter er führte, wo sein Tätigkeitsgebiet in der betrieblichen Hierarchie angesiedelt war, über welche Vollmachten er verfügte und welche Arbeiten er schwerpunktmäßig verrichtete. Wenn eine Entwicklung innerhalb des Unternehmens gegeben war, sollten Dauer und Umfang der gewählten Aufgabe beschrieben sein.

Das einfache Zeugnis ist ein reiner Tätigkeitsnachweis. Beurteilungen der Leistungen und des Verhaltens gehören hier nicht hinein. Auch Angaben zur Beendigung des Arbeitsverhältnisses müssen nicht gemacht werden, wirken aber je nach Beendigungsgrund positiv, wenn sie enthalten sind.

Qualifiziertes Zeugnis

Genau diese Angaben sind allerdings für ein qualifiziertes Arbeitszeugnis besonders wichtig. Das einfache Zeugnis wird hier um eine **Bewertung der Leistungen** und des **Verhaltens** sowie der **Gründe für das Ausscheiden** ergänzt, im letzten Abschnitt finden sich noch **Wünsche für die Zukunft** des Beurteilten.

Das Zeugnis muss sich auf alle Aspekte im gesamten Zeitraum erstrecken.

Die Besonderheit des qualifizierten Zeugnisses besteht darin, dass alles erwähnt werden muss, das einen Einfluss auf die Bewertung der Leistung und Führung des Arbeitnehmers hat. Je schlechter die Beurteilung auszufallen droht, desto schwerer fällt meist die Ausstellung eines qualifizierten Zeugnisses. Denn erstens müssen die Spielregeln der Zeugnissprache beachtet werden und zweitens müssen die Wertungen des Beurteilers rechtlich wasserdicht sein.

Weitere spezielle Zeugnistypen sind: Das Zwischenzeugnis, das Ausbildungszeugnis, das Praktikumszeugnis, das Zeugnis für befristete Arbeitsverhältnisse und Zeugnisse aus der ehemaligen DDR.

Bei **Zwischenzeugnissen** kann es sich um einfache oder qualifizierte Zeugnisse handeln. Sie weisen im Wesentlichen die formalen und inhaltlichen Kriterien eines Endzeugnisses auf, werden allerdings in der Gegenwarts- und nicht in der Vergangenheitsform geschrieben. Die Angaben über Austrittstermin und -grund fehlen natürlich. Zwischenzeugnisse werden nach Anforderung aus betrieblichen Gründen (Beförderungen, Wechsel des Vorgesetzten, etc.) oder aus persönlichen Gründen des Arbeitnehmers (Einberufung zum Wehrdienst, Antritt des Erziehungsurlaubes, etc.) ausgestellt. In der Regel wird im Zeugnis der Grund für die Ausstellung erwähnt.

Eine Sonderform des Zwischenzeugnisses ist das vorläufige Zeugnis. Der Arbeitnehmer hat einen Anspruch darauf, wenn das Arbeitsverhältnis zwar noch besteht, aber absehbar ist, dass es bald durch Kündigung oder Vertragsablauf aufgelöst wird.

Im **Ausbildungszeugnis** werden aufgeführt:
Angaben über Art, Dauer und Ziel der Berufsausbildung und eine Bestätigung der erworbenen Kenntnisse und Fähigkeiten. Zusätzlich kann der Auszubildende auch Angaben zu Führung, Leistung und besonderen fachlichen Fähigkeiten aufnehmen lassen.

Auch Praktikanten können ein Zeugnis nach den Bestimmungen des Berufsbildungsgesetzes verlangen. Das **Praktikumszeugnis** fungiert als Ausweis für die ersten Erfahrungen und Kenntnisse im Berufsleben. Als potenzieller Arbeitgeber legt man hier Wert auf den Praxisbezug während der Tätigkeit.

Zeugnisse für befristete Arbeitsverhältnisse werden ausgestellt,
wenn die Tätigkeit zwar befristet war, aber länger als vier Wochen ausgeübt wurde. Je nach Art der Tätigkeit und Wunsch des Arbeitnehmers wird ein einfaches oder qualifiziertes Zeugnis ausgestellt. Hier sollte man als Leser auf den Grund der Befristung achten und darauf, ob die Stelle schon vor dem Arbeitsantritt befristet war.

In der ehemaligen **DDR** hatte man Anspruch auf eine **Beurteilung** bei Beendigung des Arbeitsverhältnisses. Aufgrund der sozialpolitischen Gegebenheiten war es für den einzelnen Arbeitnehmer jedoch weit weniger wichtig. In der Beurteilung wurden die Tätigkeit, die Leistungen und die Entwicklung des Arbeitnehmers während der gesamten Zugehörigkeit zum Betrieb zusammenfassend eingeschätzt. Insgesamt waren die Beurteilungen offensichtlicher als westliche Zeugnisse, weil es keine Zeugnissprache gab. Negatives wurde nicht verschleiert oder über die Hintertür bekannt gemacht, sondern offen ausgesprochen (!). Deshalb sind diese Beurteilungen oft informativer, in vielen Fällen aber auch noch subjektiver als westdeutsche Arbeitszeugnisse. Angaben zur Beendigung des Arbeitsverhältnisses sowie eine so genannte Schlussformel und Wünsche für die Zukunft fehlten gänzlich. Bei der Interpretation von diesen Beurteilungen ist es wichtig, die fachliche Qualifikation und die gesellschaftliche bzw. politische Arbeit zu beachten. Ein gutes oder sehr gutes Zeugnis beinhaltet eine positive Beschreibung beider Bereiche. Wird dagegen die gesellschaftliche Arbeit groß herausgestrichen und fehlen genauere Angaben zu den fachlichen Fertigkeiten, kann man davon ausgehen, dass die Arbeitsleistungen des Beurteilten zu wünschen übrig ließen.

Checkliste

Inhaltliche Gliederung eines qualifizierten Arbeitszeugnisses

1. **Persönliche Daten** des Arbeitnehmers ❑

2. Beschreibung seiner **Funktionen und Tätigkeiten**
   im Unternehmen ❑

3. Genaue Darstellung des **Aufgabengebietes** ❑

4. Berufliche **Laufbahn** bzw. persönliche **Entwicklung**
   im Unternehmen ❑

5. **Leistungsbeurteilung:** Arbeitsergebnisse und fachliche
   Qualifikation bzw. angewandtes Fachwissen ❑

6. **Zufriedenheitsklausel:**
   Zusammenfassende Beurteilung der Leistung ❑

7. **Fortbildungsmaßnahmen**

8. Beurteilung des **Verhaltens** im Unternehmen:
   Arbeitsbereitschaft (Engagement), Verhalten gegenüber
   Kollegen, Vorgesetzten, Kunden, Geschäftspartnern ❑

9. **Führungsverhalten:**
   Leistungsorientierung, Mitarbeiterorientierung ❑

10. **Austrittsformel:**
    Angaben über die Lösung des Arbeitsverhältnisses ❑

11. **Schlussformel:** Dank, Bedauern des Weggangs, gute Wünsche ❑

12. **Ausstellungsdatum** und vollständige **Unterschrift(en)** ❑

Zeugnisbeispiele

1. Inhaltliche Darstellung eines qualifizierten Zeugnisses für eine Filialleiterin

Zeugnis

Frau Helga Wischnewski, geboren am 12. März 1957 in Lüneburg, war vom 15. November 1989 bis zum 31. Mai 1998 für die Leitung der Filiale Mitte zuständig. *(Persönliche Daten, Tätigkeitsbeschreibung)*

Zu den Aufgaben von Frau Wischnewski gehörten die ordnungsgemäße Führung der Filiale einschließlich der Dekoration der Schaufenster und des Verkaufsraumes nach Anweisung, die Führung des Warenlagers, die Warendisposition, die Waren- und Kassenabrechnung sowie die Führung der sonstigen Geschäftsbücher. Frau Wischnewski trug Verantwortung für fünf Mitarbeiterinnen.
(Beschreibung Aufgabengebiet)

Frau Wischnewski hat ihre Aufgaben mit Interesse und Einsatzbereitschaft in ausgezeichneter Weise gelöst. Sie verfügt über exzellente Fachkenntnisse und erzielte hervorragende Verkaufserfolge.
(Leistungsbeurteilung / Zufriedenheitsklausel)

Sie war eine sehr erfahrene, bis ins Detail fachkundige Filialleiterin, bei den nachgeordneten Mitarbeiterinnen galt sie wegen ihres bestimmten, aber immer freundlichen Wesens und ihrer hilfsbereiten Art als Vorbild. Sie besitzt organisatorisches Können und die Fähigkeit, Mitarbeiter erfolgreich zu führen. *(Führungsverhalten)*

Bei der Kundschaft war Frau Wischnewski durch ihr höfliches und korrektes Verhalten beliebt. Ihr Verhalten gegenüber Vorgesetzten und Mitarbeiterinnen war immer einwandfrei. *(Verhaltensbeurteilung)*

Frau Wischnewski scheidet auf eigenen Wunsch aus unserem Unternehmen aus. Wir bedauern ihre Entscheidung sehr, danken ihr für die geleistete Arbeit und wünschen ihr für die Zukunft alles Gute und weiterhin viel Erfolg.
(Austritts- und Schlussformel)

Köln, 8. Juni 1998

Unterschrift(en) mit Stellenfunktion
(Ausstellungsdatum, Unterschrift(en) und jeweilige Stellenfunktion)

Frau Wischnewski hat ein gutes Zeugnis erhalten. Es beginnt mit der detaillierten Beschreibung der Aufgaben und ihres Verantwortungsbereiches. Es folgt der bei Führungskräften wichtige Hinweis auf die unterstellten Mitarbeiter.
Ihre Aufgaben hat sie „hervorragend" gelöst, außerdem werden ihr mehrmals herausragende Fachkenntnisse bescheinigt. Das drückt sich auch in sehr guten Verkaufserfolgen aus.
Ihre Mitarbeiterführung wird gelobt, wenn das „bestimmte" Wesen auch auf ein leicht autoritäres Verhalten hindeutet. Das scheint dem Verhältnis zu den Mitarbeiterinnen jedoch nicht geschadet zu haben: Wichtig ist die Aussage, dass sie von den Mitarbeiterinnen als Vorbild geschätzt wird. Der Hinweis auf das Verhältnis zur Kundschaft darf bei der Bewertung dieser Tätigkeit nicht fehlen. Es handelt sich um eine sehr geschätzte Mitarbeiterin, die man ungern gehen ließ, wie die Schlussformel beweist.

2. Qualifiziertes Zeugnis für eine Buchhalterin

Zeugnis

Frau Susanne Riem, geboren am 17. August 1972 in Saarlouis, war vom 1. April 1992 bis zum 30. September 1998 als Buchhalterin in unserem Unternehmen beschäftigt.
(Persönliche Daten / Tätigkeitsbeschreibung)

Die ihr übertragenen Aufgaben wurden von ihr fachlich und menschlich mit großer Sorgfalt und Ruhe und besonderem Eifer durchgeführt.
(Leistungsbeurteilung)

Durch ihr angenehmes, stilles Wesen war sie bei den Vorgesetzten und Kollegen geschätzt und beliebt.
(Verhaltensbeurteilung)

Frau Riem verlässt unser Haus auf eigenen Wunsch.
(Austrittsformel)

Saarlouis, 30.09.1998

Unterschrift(en)
(Ausstellungsdatum und Unterschriften)

Dieses Zeugnis gleicht einer schallenden Ohrfeige. Hier wird deutlich, welch negativer Eindruck durch die auffällige Betonung nebensächlicher Eigenschaften hervorgerufen wird. Der Arbeitgeber kann anscheinend nichts über die Tätigkeiten, die fachlichen Qualitäten und die Leistungen Frau Riems äußern, ohne irrezuführen oder etwas Negatives zu erwähnen.

Deshalb werden das menschliche und kollegiale Verhalten sowie die ruhige Wesensart der Mitarbeiterin betont. So liegt die Vermutung: „Was fehlt, war wahrscheinlich schlecht ..." nahe. Nach diesem Zeugnis kann es sich im besten Fall um eine eher passive, aber doch zuverlässige und innerhalb ihrer Grenzen kompetente Mitarbeiterin gehandelt haben. Doch auch die Interpretation, dass Frau Riem eine nette Kollegin war, die sich immer wieder bemühte, aber letztendlich eher ineffizient arbeitete, liegt durchaus nahe. Solche Interpretationsspielräume sollte ein gut durchdachtes Arbeitszeugnis nicht enthalten.

Klar ist deshalb auch, dass die Ausarbeitung dieses lückenhaften Zeugnisses kein besonders gutes Licht auf die Personalabteilung des ausstellenden Unternehmens wirft.

So wichtig die oben aufgeführten einzelnen Gliederungspunkte auch sind: Man darf sie nicht isoliert voneinander betrachten.

Ein Arbeitszeugnis erzielt erst in seiner Gesamtheit Wirkung. Wichtig ist, dass das Dokument abgerundet, in sich stimmig und ohne Widersprüche erscheint. Eine offensichtliche „Fallhöhe" zwischen einzelnen Gliederungspunkten sollte stutzig machen. Schon die Zeugnislänge vermittelt einen ersten Eindruck, denn knappe Formulierungen sind häufig ein Zeichen für nur durchschnittliche oder sogar schlechte Leistungen. Manchmal steckt Methode dahinter, wenn die einzelnen Zeugnisbestandteile nicht so recht aufeinander abgestimmt sind. Kleine Widersprüche weisen dann auf schwache Punkte des Bewerbers hin. Vielleicht ist ein solches schiefes Bild aber auch nur entstanden, weil nachträglich einzelne

Punkte geändert wurden und dadurch der Gesamteindruck nicht mehr stimmt. Oder der Zeugnisaussteller hatte wenig Erfahrung mit der allgemein üblichen Zeugnissprache und hat deshalb eine missverständliche Formulierung gewählt. **Damit hat der künftige Urteiler Schwierigkeiten.** Ist das nun Zufall oder Absicht?

Man löst diese Schwierigkeiten indem man nachprüft, ob und in welchem Ausmaß die gängigen Standards zu Grunde gelegt wurden (siehe Anhang). Ist ein Zeugnis insgesamt ungeschickt formuliert, kann man davon ausgehen, dass auch einzelne Ausrutscher eher auf mangelnde Erfahrung mit der Formulierungspraxis zurückzuführen sind. Auch der Vergleich der unterschiedlichen Zeugnisse des Bewerbers miteinander kann hilfreich sein, um aus der Summe sich ergänzender oder sich bestätigender Aussagen einen zuverlässigen Eindruck zu erhalten. Während die persönlichen Daten und die Tätigkeitsfelder des Beurteilten objektive und leicht darstellbare Tatsachen sind, ist die Bewertung der Leistung und des Verhaltens schwieriger. Hier werden die erwähnten Codes verwendet. Für einen ungeübten Leser klingt so ziemlich jedes Arbeitszeugnis gut, egal welche Faulpelze, Streber oder Besserwisser da beschrieben werden.

Einen besseren Einblick in die Sprache der Zeugnisaussteller bieten einige Formulierungen im Anhang, die in der Praxis häufig Verwendung finden.

Fragetechnik
Grundlagen der Fragetechnik

Von einem standardisierten Einstellungsinterview wird gesprochen, wenn alle Fragen vor dem Gespräch genau festgelegt worden sind und mit dem gleichen Wortlaut und in derselben Reihenfolge allen Bewerbern gestellt werden. Der Nachteil liegt allerdings auf der Hand – abgesehen davon, dass man bei zwanzig Gesprächen nicht immer dieselbe Mimik, Gestik und Fragestellung durchhalten kann, hat dies etwas „roboterhaftes", was sicher auch sonderbar abgespult auf den Bewerber wirken mag. Insofern ist dies nicht die Wunderlösung.

Bei einem unstandardisierten Interview bestimmt dagegen der Personaler aufgrund der jeweiligen Situation die Fragestellungen und den Verlauf des Gesprächs. Klingt erst einmal gut, artet allerdings schnell in eine Art Kaffee-kränzchen aus und sorgt dafür, dass man mit den zwanzig Bewerbern sehr wahrscheinlich zwanzig völlig unterschiedliche Themen besprochen hat – kann man hier noch vergleichen? Eher nicht. Also auch nicht das Gelbe vom Ei.

Die Erfahrungen zeigen, dass für ein Vorstellungsgespräch die Kombination beider Techniken empfehlenswert ist und in den meisten Fällen auch so prakti-ziert wird. So werden die wichtigsten Fragen standardisiert bei jedem Bewerber wiederholt und alles andere individuell gehalten. Der Vergleich der Antworten unterschiedlicher Bewerber bei gleicher Fragestellung in besonders wichtigen Punkten wird für die Beurteilung des Einzelnen sehr aufschlussreich sein. Ande-rerseits kommt Beweglichkeit dem Bewerbungsgespräch sehr zugute. Der Inter-viewer soll sich auf den Bewerber einstellen können, ohne dabei die Essenz aus den Augen zu verlieren. Ein halbstandardisiertes Interview kommt diesen Wün-schen am nächsten. Hier ist es wichtig, als Gesprächsleiter aktiv den Redeanteil für beide Partner zu steuern. Oft wird der Fehler begangen, dass der Intervie-wer über lange Strecken redet, während der Bewerber kaum zu Wort kommt. Um das Gespräch in eine Bahn zu lenken, in der es ökonomisch abläuft und einen hohen Informationsgewinn bringt, sollte es mit Hilfe der Fragetechniken geführt werden. **Denn: „Wer fragt, führt"!**

Wenn wir uns nun mit der Technik informativer Fragestellungen befassen, dann sollten wir zunächst zwei Anforderungen an uns stellen:

1. **Die Qualität der Fragen muss stimmen!**
2. **Wir konzentrieren uns auf vorrangige Frageziele!**

Es kommt im Ganzen darauf an, den Informationsumfang für uns zu erweitern und die Informationszuverlässigkeit zu erhöhen. Der Bewerber wird verständlicherweise den Versuch machen, sich in einem möglichst positiven Licht darzustellen. Die Anwendung der Fragetechnik unter Einbeziehung der entsprechenden Vorbereitung soll uns bei der Lösung der größten Schwierigkeit eines Vorstellungsgespräches helfen: Der eingeschränkten Zuverlässigkeit der erhaltenen Informationen. Es ist wichtig, dass die nachstehenden Regeln nicht nur verstanden, sondern auch – mit etwas Übung – beherrscht werden, um sie im richtigen Moment mit der entsprechenden Leichtigkeit parat zu haben.

Die Qualität der Fragen hängt an folgenden fünf Regeln:

1 **Stelle offene Fragen**
2 **Stelle vorquantifizierte Fragen**
3. **Frage in die Vergangenheit hinein**
4. **Stelle Nachfassfragen**
5. **Stelle gelegentlich eine Superlativfrage**

Offene Fragen:

> Bsp: „Wieso haben Sie bereits nach zwei Jahren das Unternehmen verlassen?"
>
> „Wie sind Sie vorgegangen, als der Kunde plötzlich zornig wurde?"

Mit „W"-Fragen (Wie, Weshalb, etc.) braucht man selbst nur wenig Gesprächszeit, während der Gesprächspartner zu ausführlichen Antworten veranlasst wird. Ein gut geführtes Einstellungsinterview wird auf diesem Wege zu einer Gesprächsverteilung von 80% Redeanteil auf Seiten des Bewerbers und höchstens 20% Redeanteil auf Seiten des Interviewers geführt. Lässt man diese Fragen allerdings wie ein Maschinenfeuergewehr auf den armen Bewerber los, dann wird man ihn in hohem Maße mit Stress belasten und schließlich auch die Regel der Höflichkeit verletzen.

Vorquantifizierte Fragen:

Hier wird eine meist offene Frage um einen zahlenbezogenen Zusatz erweitert.

> Bsp: *Offene Frage*
>
> „Wieso haben Sie sich bei unserem Unternehmen beworben?"
>
> *Vorquantifizierte Frage*
>
> „Nennen Sie uns doch bitte *drei Gründe*, wieso Sie sich bei unserem Unternehmen beworben haben."

Die vorquantifizierte Frage setzt den Gesprächspartner stärkerem Druck aus als die einfache W-Frage, weil er nun nicht mehr nur einen Punkt nennen kann, sondern ausdrücklich aufgefordert ist, mehrere zu erläutern.

Allerdings gilt auch hier: Nicht permanent einsetzen und dem anderen genügend Zeit zum Überlegen lassen.

In die Vergangenheit hinein fragen:

> **Bsp:** „Wie haben Sie damals das Zeitproblem durch die Kombination von Kind und Studium gelöst?"

Wenn ein Bewerber früher ein bestimmtes Verhalten häufiger gezeigt hat, kann man davon ausgehen, dass er zukünftig wahrscheinlich ähnlich reagiert. Die Reaktionen des Bewerbers auf bestimmte vergangene Situationen, wie zum Beispiel bei Hektik und Stress, lassen Rückschlüsse darauf zu, wie er sich in zukünftigen Stresssituationen bewährt.

Das bedeutet also, dass es generell sinnvoller ist, nach vergangenen Erlebnissen zu fragen, als eine „Was wäre, wenn..." Situation beschreiben zu lassen. Damit der Bewerber vergangene Erlebnisse nicht beliebig erfindet, stellt man „Nachfassfragen".

Nachfassfragen:

Nur was tatsächlich erlebt wurde, hält mehreren Nachfassfragen stand.

Mit diesem Fragetyp leuchtet man aus, wie genau der Bewerber in der konkreten Situation vorgegangen ist.

Erzählt der Bewerber beispielsweise von seiner Führungstätigkeit, wären mögliche Nachfassfragen:

> „Welches waren Ihre genauen Verantwortlichkeiten?" oder „Nach welcher Methode sind Sie bei Ihren Entscheidungen vorgegangen?"

Muss der Bewerber des Öfteren verkrampft nachdenken und zögert er häufig, kann man davon ausgehen, dass das Erlebte nicht genau berichtet wurde.

Wenn der Bewerber das Nachfassen gut durchhält, dann hat er diese Situation wohl nicht frei erfunden.

Superlativfragen:

Bsp: „Welche Führungseigenschaften schätzen Sie bei einem
Vorgesetzten *am meisten*?"
„Was war in der letzten Position Ihr *größter* Erfolg?"

Mit Superlativfragen erschließt man das Wertebewusstsein des Bewerbers:
Welche Standards setzt er? Welcher Erfolg ist für ihn der größte?

Bei dieser Frageform sollte man besonders vorsichtig sein, weil sich die häufige
Anwendung von Superlativfragen rasch abnutzt. Dann werden nicht mehr nur
die größten und schönsten Erlebnisse erzählt, sondern das, was dem Bewerber
einfällt.

Superlativfragen wirken ebenfalls belastend, weil der Bewerber ja über die
faktische Antwort hinaus zusätzlich eine von ihm kaum noch steuerbare Information darüber vermittelt, über welches Anspruchsniveau er in dem erfragten
Anforderungsbereich verfügt .

INTERVIEW
Inhalte

Das **zentrale Ziel** des Vorstellungsgesprächs ist es, die Kriterien, welche im Anforderungskatalog für die zu besetzende Stelle definiert sind, mit den Qualifikationen des Bewerbers abzugleichen.

Darüber hinaus möchte man den Kandidaten aber auch in seiner Individualität kennen lernen, um beispielsweise seine Passung in das vorhandene Team abzuschätzen. Unter anderem folgende Themen sind hierbei hilfreich:

Berufliche Interessen, Motivationen und Zukunftspläne

Als Anknüpfungspunkt bietet sich die letzte Beschäftigung an, da diese noch frisch im Gedächtnis ist. Von besonderem Interesse sind Stellenwechsel innerhalb eines Arbeitgebers, da sie einen Einblick in die Motiv- und Wertestruktur des Bewerbers ermöglichen (mehr kreatives / administratives Arbeiten, mehr / weniger Führungsverantwortung, ...). Es können auch Fragen zur unmittelbaren Zukunft gestellt werden. „Wie stellen Sie sich Ihren neuen Arbeitsplatz vor?"

Jetzige familiäre und gesellschaftliche Situation

Der private Bereich ist unter anderem deshalb relevant, weil unser Tun und Lassen hier weniger fremdbestimmt ist als in der Arbeit. Eine Familie kann sowohl wichtige Stütze als auch Hemmschuh für das berufliche Fortkommen sein. Besonders bei Tätigkeiten, welche das Familienleben beeinträchtigen, sollte dieser Punkt ausführlich geklärt werden (Schichtdienst, Reisetätigkeit, etc.): „Welche Meinung hat Ihr Partner zum beabsichtigten Stellenwechsel, der ja mit einer ausgeprägten Reisetätigkeit einhergeht?" **Aber:** Grade bei Fragen zum privaten Bereich ist Vorsicht geboten! Es muss immer ein Bezug zur aktuellen Stelle vorhanden sein, sonst bewegt man sich auf rechtlich schwierigem Terrain.

Im Folgenden werden Inhalt und Ablauf eines Gespräches detailliert erläutert, Vorschläge für Fragen zur individuellen Vorbereitung finden Sie im Anhang.

Vorbereitungen

Für einen reibungslosen, ungestörten und eine positive Atmosphäre schaffenden Verlauf des Interviews sollte es nicht nur inhaltlich sondern auch organisatorisch gut vorbereitet sein.

♦ **Sorgen Sie für einen ruhigen Raum**

♦ **Nehmen Sie sich Zeit**
   In weniger als 30 Minuten kann man kaum mehr als einen ersten Eindruck gewinnen. Der Bewerber sollte auch genügend Zeit haben, seine anfängliche Befangenheit abzulegen. Erst dann kann man mit offenen Antworten rechnen. Je nach Position dauert ein Interview zwischen 30 und 90 Minuten. Die wichtigsten Informationen sollte man aber nach 60 Minuten erhalten haben, da anschließend Konzentrationsprobleme auftreten können.

♦ **Sprechen Sie nicht mit einem großen Schreibtisch zwischen sich und dem Bewerber miteinander.** Erfahrungsgemäß bringt eine Sitzordnung über Eck eine angenehmere Gesprächsatmosphäre.

♦ **Legen Sie alle notwendigen (Bewerbungs-) Unterlagen und Schreibzeug bereit,** damit Sie während des Gesprächs auch Notizen machen können.

♦ **Bereiten Sie sich auf Fragen des Bewerbers vor.** Das heißt vor allem die relevanten Unternehmens- und Stelleninformationen sollten Sie parat haben.

Eine Checkliste zur Interviewvorbereitung befindet sich im Anhang.

Systematischer Ablauf

Im Folgenden wird die Durchführung des Interviews anhand eines „Ablaufskeletts" erläutert. Dieses hat sich in der Praxis als empfehlenswert erwiesen, da es auf der einen Seite strukturierte bzw. standardisierte Elemente beinhaltet (s. Fragetechniken), auf der anderen Seite aber ermöglicht, individuell auf den Gesprächspartner einzugehen - Sie können diesem „Skelett" also durch Ihre Fragen und letztlich Ihre Persönlichkeit eine Gestalt geben.

Die Makrostruktur gliedert sich in eine Aufwärmphase und zwei Grundelemente, die sich immer wieder abwechseln:

1. Aufwärm - Phase

2. Small – Talk – Phase

3. Fragenteil

Aufwärmphase

Beziehung herstellen

Fragenteil 1

Inhalt: Möglichst freie Schilderung des Lebenslaufs durch den Bewerber

Small – Talk

Beziehung herstellen

Fragenteil 2

„Abarbeiten" des eigenen vorbereiteten Fragen- und Begriffskataloges

Small –Talk

Beziehung herstellen

Eventuell Fragenteil 3

bzw. alternativ Vorstellung des eigenen Unternehmens
und des vakanten Arbeitsplatzes

Small – Talk

Beziehung herstellen

Fragen des Bewerbers

Informationen zum weiteren Verfahren und Verabschiedung

Zugegeben, das sieht erst einmal furchtbar theoretisch aus. Aber mit zunehmender Übung hat man diesen Ablauf so verinnerlicht, dass man immer flexibler mit Informationsgewinnungs- und Small-Talk-Phasen umgehen kann. Auch wenn es auf den ersten Blick etwas hölzern wirken mag – dieses Konzept hat sich vielfach bewährt.

Der gesamte Verlauf des Interviews wird entscheidend von den ersten zwei bis drei Minuten geprägt. In dieser Zeit bilden sich erste emotional gefärbte Eindrücke. Der Interviewer (genau wie der Bewerber) zieht nun in der Regel Rückschlüsse aus diesen Eindrücken auf die Persönlichkeit des Anderen. Fatal ist es nun, wenn diese Rückschlüsse ein Verhalten auf Seiten des Interviewers nach sich ziehen, welches den Bewerber in die ihm angedachte „Rolle" zwingt. Macht ein Bewerber beispielsweise den Eindruck, dass es ihm an Intelligenz mangelt, stellt der Interviewer vielleicht nur „einfache" Fragen und gibt dem Gegenüber somit keine Chance, das Gegenteil zu beweisen.

In der **Aufwärm - Phase** werden zwei oder drei vorher zurechtgelegte Fragen gestellt, die offen formuliert sind (gerne hier schon W - Fragen) und Themen ansprechen, welche dem Interviewten leicht fallen und ihn zum Erzählen animieren. Sie sollen das Annähern und Aufwärmen der Gesprächspartner erleichtern. „Wie war die Anfahrt? Haben Sie's gut gefunden?"

Danach folgt der **erste Fragenteil:** Die freie Schilderung des Lebenslaufs durch den Bewerber. Man bittet den Kandidaten, seinen Lebenslauf in eigenen Worten wiederzugeben. Viele der gewünschten Informationen kann man zwangloser erhalten, wenn der Bewerber zunächst seinen bisherigen Werdegang mündlich ansprechen kann. Je weniger man den Gesprächspartner hierbei lenkt, desto mehr interessante Informationen gibt er in der Regel preis. Helfen Sie dem Bewerber, sich auf die Ebene des persönlichen Erlebens einzulassen, z.B. durch entsprechende Fragen oder durch Bekundung der gefühlsmäßigen Anteilnahme. „Sie haben die Stelle also wegen Ihrer herausfordernden, privaten Situation gewechselt, das kann ich nachvollziehen." Doch Vorsicht: Bitte eigene Werthaltungen und Einstellungen trotzdem für sich behalten! Das könnte den Bewerber zu stark beeinflussen und seine Aussagen einfärben. Versuchen Sie schon während der Schilderung des anderen, einen roten Faden in dessen Werdegang zu finden, Regelmäßigkeiten zu entdecken und Zusammenhänge zu sehen. Hat der Bewerber seine Schilderung beendet, können Sie offen gebliebene Fragen ansprechen und klären. Sollte es Ihnen in punkto Gedächtnis so gehen wie vielen anderen Personalern notieren Sie sich während der freien Schilderung einfach, welche Fragen Sie sich stellen oder was Ihnen auffällt. Notizen sind vor allem auch dann äußerst wichtig, wenn Sie sich kurz hintereinander mehrere Bewerber anschauen.

Ist diese erste „Informationssammlung" zu Ende, hat es sich bewährt, folgende Frage zu stellen: „Aus welchem Grund haben Sie sich bei unserem Unternehmen und für diese Stelle beworben?" Als Antwort erhält man einen ersten Eindruck davon, wie intensiv sich der Interviewte mit seinem gegebenenfalls zukünftigen Arbeitgeber und der vakanten Position beschäftigt hat. Auch wenn diese Frage mittlerweile einen hohen Bekanntheitsgrad bei Bewerbern erreicht hat, sieht man dennoch, ob diese sich eben auch auf zu erwartende Fragen vorbereitet haben oder eher mit einem unvorbereiteten „... das krieg ich schon hin ..." vor Ihnen sitzen.

Es ist nun Zeit für eine **Small – Talk Phase.** Beide Gesprächspartner können sich dabei etwas entspannen (aber natürlich nicht zu lange ...) Das Angebot eines (weiteren) Kaffees oder Tees wäre hier beispielsweise möglich.

Im **zweiten Fragenteil** wird der von Ihnen vorbereitete Fragenkatalog „abgearbeitet". Je standardisierter hier vorgegangen wird (d. h. möglichst viele Faktoren sind festgelegt, wenig wird der Improvisation überlassen), desto zuverlässiger sind die Vorhersagen aus dem Interviewergebnis über die berufliche Passung des Bewerbers als Mitarbeiter.

Standardisierung kann erreicht werden, wenn folgendes bei jedem Bewerber sehr ähnlich gehandhabt wird:
- die angesprochenen und nicht angesprochenen Themen
- die Reihenfolge der angesprochenen Themen
- die Formulierung der Fragen
- die Reaktionen des Interviewers (Mimik / Gestik)

Hält man die auf der vorigen Seite genannten Punkte so weit wie möglich konstant, lässt sich das Bewerberverhalten über viele Personen hinweg reiner herauskristallisieren und vergleichen.

Aber auch hier hat man es mit einem Individuum zu tun, so nutzt man bei diesem standardisierten Teil nicht nur ein festes Fragenrepertoir, sondern zusätzlich vorher bestimmte Begriffe, aus denen man situativ Fragen formuliert. Das Vorgehen bietet ein flexibleres Eingehen auf das Gegenüber.

Sie beginnen mit einer Einstiegsfrage. Diese kann vorher festgelegt oder frei formuliert sein. Danach startet die eigentliche Informationsgewinnungsphase: Der Interviewer hat die Aufgabe, einerseits gezielte Fragen zu stellen und andererseits mit Anstoßbegriffen (= Begriffe, die man sich bei der Gesprächsvorbereitung zurechtgelegt hat) Fragen zu formulieren, um die erwünschten Informationen (Abgleich Anforderungsprofil und Bewerberqualifikation) zu erhalten. Diese Anstoßbegriffe sollen die laut Anforderungsprofil zu erhebenden Informationen lediglich umschreiben, da diese nicht direkt genannt werden dürfen. Ist für die zu besetzende Stelle beispielsweise das Merkmal „Kreativität" von zentraler Bedeutung, könnte man sich den Begriff „Ideen" während der Vorbereitung notieren. Eine mögliche Frage, die man daraus im Gespräch formuliert, könnte lauten: „Haben Sie bei Ihrer letzten Stelle neue Ideen vortragen und umsetzen können?" Der Begriff Kreativität wird in diesem Kontext nicht erwähnt, trotzdem ist es dem Interviewer möglich, aus der Antwort Rückschlüsse bezüglich dieses Merkmals zu ziehen.

Notiert man sich vorher nicht die umschreibenden Anstoßbegriffe, sondern die konkreten gesuchten Merkmale, wird es erfahrungsgemäß während des Gesprächs schwierig, daraus umschreibende Fragen zu konstruieren. Der Interviewer kann während des Dialogs natürlich ausgewählte Anstoßbegriffe bei Bedarf weglassen bzw. neue hinzufügen, muss sich aber bewusst sein, dass er hiermit auf einen Teil der Standardisierung verzichtet. Es ist auch möglich, gänzlich vorformulierte Fragen zu verwenden, solange man dies nicht zu hundert Prozent ausreizt. Oberstes Ziel ist das **Abgleichen der vorgegebenen Informati-**

onen, damit am Ende eine begründete Aussage zu jedem einzelnen Bewerber gemacht werden kann. Das Schöne daran ist, dass man sich die Arbeit mit den Anstoßbegriffen und der Fragenvorbereitung in der Regel nur einmal machen muss und im Weiteren höchstens kleinere Anpassungen vornimmt.

Nun gönnt man sich eine weitere **Small -Talk Phase** ...

Man kann noch **zusätzliche Fragenteile** anschließen. Alternativ hat es sich als sinnvoll erwiesen, dem Bewerber einiges über das eigene Unternehmen und die zu besetzende Stelle zu erzählen. Er hat dann Zeit, sich zurückzulehnen und zuzuhören - es soll ja für beide Seiten eine tragfähige Entscheidungsbasis geschaffen werden. Hier ist allerdings darauf zu achten, dass Sie diese Informationen erst nach der Frage nach dem „Warum zu uns...?" geben, da sonst die Gefahr der Wiederholung dessen, was man kurz zuvor selbst erzählt hat, groß ist.

Nachdem man zahlreiche Informationen vom Bewerber gewonnen hat, versorgt man ihn nun mit **Informationen**, die seine Entscheidung über die Mitarbeit erleichtern sollen.
Er soll zu diesem Zeitpunkt seine (vorbereiteten) **Fragen stellen** können.

Im Anschluss werden **Informationen zum weiteren Verfahren** gegeben. Ist der Bewerber nach Ihrem Eindruck aus dem Gespräch interessant, kann man ihm jetzt eventuell ein zweites Gespräch in Aussicht stellen. Man sollte dies jedoch vorsichtig formulieren, damit es nicht schon wie eine Zusage verstanden wird. Der zeitliche Rahmen, in dem der Bewerber eine Entscheidung erwarten kann ist ein weiterer Punkt, der jetzt angesprochen wird. Nachdem diese Formalitäten geklärt sind, kann man das Gespräch mit einem **Small – Talk** beenden. Psychologisch gesehen kommt den letzten Minuten eines Gespräches eine ähnlich hohe Bedeutung zu wie den ersten. Sie bleiben ebenso besonders gut im Gedächtnis.

Durch eine freundlich - verbindliche Verabschiedung kann man also erreichen, dass der Bewerber mit einer positiven Stimmung geht, an die er sich mit hoher Wahrscheinlichkeit auch später noch erinnert. Aber auch weil der Bewerber anderen von Ihrem Unternehmen erzählt, nachdem er unabhängig von Ihnen eine Entscheidung für oder gegen die vakante Stelle getroffen hat.

Der Fragenkatalog:
Fragen und ihre Bedeutung

Besser als die Behauptung des Bewerbers, z. B. motiviert und willensstark zu sein, ist es, nach konkreten Verhaltensbeispielen aus der Vergangenheit zu fragen, die Rückschlüsse auf bestimmte Eigenschaften zulassen.

Wichtig ist in diesem Zusammenhang, dass die Befragten häufig ihre eigene Meinung nicht äußern, wenn die Fragen so formuliert sind, dass eine Bestätigung bestehender Werte oder Normen provoziert wird. Anders gesagt: Wenn die Frage die präferierte Antwort schon enthält oder erahnen lässt, übernimmt der Befragte diese Antwort und sagt nicht, was er selbst denkt. „Sie sind doch sicher auch der Meinung, dass…" „Wir bevorzugen XY und Sie?"

Der Fragenkatalog gibt Ihnen mit der Auswahl der für Ihren Kandidaten geeigneten Fragen die Möglichkeit, individuell auf die speziellen Anforderungen Ihres Vorstellungsgespräches einzugehen. Des Weiteren können Sie die Zusammenstellung nach Ihren persönlichen Vorlieben gestalten. Ein ausführlicher Fragenkatalog findet sich im Anhang. Er soll als Nachschlagewerk und Anregung dienen.

Auswertung

Haben Sie den Bewerber verabschiedet, sollten Sie unmittelbar anschließend mit der Auswertung des Interviews beginnen. Es ist zweckmäßig, sich dabei zunächst dem direkt beobachtbaren Verhalten des Gesprächspartners zuzuwenden und die jetzt noch frischen Eindrücke zu notieren. Es besteht die Gefahr, dass die

Erinnerung schon nach kurzer Zeit verfälscht wird. Auf jeden Fall sollten die Eindrücke notiert werden, bevor ein weiterer Bewerber hereingebeten wird. Nur dann kann vermieden werden, dass sich Verhaltenseindrücke verschiedener Bewerber vermischen.

Notieren Sie zunächst, was Sie gesehen haben, ohne es zu interpretieren.

Verwenden Sie dabei auch Ihre Notizen aus dem Interview. Merken Sie sich die Verhaltensweise, die der Bewerber am häufigsten zeigt. Ungewöhnliche körpersprachliche Reaktionen bleiben nämlich stärker haften als häufig gezeigte Verhaltensweisen. Diese sind zwar auch relevant, die häufig gezeigten Verhaltensweisen sind aber meistens die „typischeren".

Im Unterschied zu Gesagtem, das so zu sagen erst mal durch den Bewusstseinsfilter „rutscht" und somit durchdacht ist, zeigt die Körpersprache des Bewerbers sowie seine Mimik und Gestik sehr viel direkter die Grundzüge des betreffenden Menschen und sein aktuelles Befinden.

Nur wenn es gelingt, eine für den Gesprächspartner weitgehend stressfreie Atmosphäre zu schaffen, wird man das typische Ausdrucksverhalten sehen können. Dennoch wird man Bewerber erleben, die trotz der Bemühungen außerordentlich aufgeregt und nervös bleiben. Das ist eine diagnostisch relevante Information über die Selbstsicherheit und Stressstabilität des Kandidaten. Sprechen Sie diesen Punkt direkt an und fragen Sie, wie Sie ihm beim Abbau seiner Aufgeregtheit behilflich sein können. Vermeiden Sie simplifizierende Interpretationen der Körpersprache (Kratzen am Hinterkopf = Nachdenken), sie werden dem Gegenüber nicht gerecht.

Inhaltlich richtet man die Auswertung am Anforderungsprofil aus.
Die erforderlichen Ausprägungen der Merkmale wurden vorher festgelegt und werden jetzt abgeglichen.

Sind die Ausprägungen der Merkmale nicht so hoch wie in dem entsprechenden Anforderungsprofil - hat der Bewerber beispielsweise weniger Führungsqualitäten aufzuweisen als gewünscht - passt der Schlüssel nicht richtig ins Schloss. Dasselbe gilt allerdings auch, wenn die Ausprägungen zu hoch sind! Es gilt zu prüfen, ob eventuelle Defizite ausgeglichen werden können bzw. ob der Bewerber auf einer für ihn unterqualifizierten Stelle glücklich wird. Wie hoch der betriebene Aufwand pro Bewerber ist, hängt von der Anzahl der qualifizierten Mitbewerber ab.

Es ist mitunter schwierig, die relativ unstrukturierten Informationen aus dem freien Teil des Interviews zu ordnen. Ein **vorbereitetes Formular**, wie es sich im Anhang findet, kann hier sehr hilfreich sein.

Werden die gewonnenen Eindrücke nicht festgehalten, können Informationen verloren gehen, die Sie zwar im Interview erhoben haben, aber aus vielerlei Gründen nicht notieren konnten. Mit einer strukturierten Auswertung sind die Bewerber untereinander besser vergleichbar.

Auswertung intuitiver / emotionaler Reaktionen:

In jeder zwischenmenschlichen Begegnung finden emotionale Reaktionen bei den Gesprächspartnern statt. Ob nun bewusst oder unbewusst – **diese Reaktionen haben Rückwirkungen auch auf die rein sachbezogene Auswertung des Interviews.**

Aus diesem Grund sind gefühlsmäßige Reaktionen eine Informationsquelle, die wir nicht vernachlässigen sollten. Der Zugang zu ihnen ist allerdings schwerer als zu bewussten Denkprozessen. Wer hat nicht schon erlebt, dass irgendetwas „nicht stimmt" an dem Gesprächspartner, aber man weiß nicht so recht, was man mit diesem Eindruck anfangen soll.

Haben Sie im Laufe des Gesprächs plötzlich den Eindruck, dass etwas nicht stimmt, dann halten Sie einen Moment inne. Fragen Sie sich, an welcher Stelle genau Ihr Gefühl entstanden ist.

Mögliche Auslöser können z.B. Aussagen des Bewerbers sein, bei denen er in Widerspruch zu einer früheren Äußerung gerät, die einem jetzt aber nicht mehr bewusst ist. Vielleicht sind aber auch die verbalen Aussagen mit der beobachteten Körpersprache nicht stimmig. Meist liefert die Körpersprache die zutreffendere Aussage.

Versuchen Sie, eventuelle Widersprüche durch Nachhaken aufzuklären.

Gibt es andere Gründe, wie zum Beispiel die Garderobe des Kandidaten, versuchen Sie, sich während des Gespräches davon zu distanzieren; es kann dennoch in die anschließende Auswertung aufgenommen werden.

Tritt ein ungutes Gefühl nach dem Gespräch auf, kann das gewonnene Gesamtbild des Bewerbers in sich unstimmig oder lückenhaft sein.

Finden Sie die unstimmigen Bestandteile heraus, indem Sie das Gespräch noch einmal Revue passieren lassen und beziehen Sie diese in Ihre Auswertung mit ein. Ist der Kandidat für die Stelle interessant, kann man die noch unklaren Fragen bei einem weiteren Treffen ansprechen.

Fehler

Auch bei routinierten Interviewern können sich Fehler während des Gespräches einschleichen, ohne bewusst registriert zu werden. Um die Qualität des Auswahlgespräches jedoch aufrecht zu erhalten und diese Fehler effektiv vermeiden zu können ist es unabdingbar, sich die Quellen bewusst zu machen.

Im folgenden werden 10 typische Fehler erläutert:

1. **Schlecht gemachte Hausaufgaben:** Das Interview ist ineffektiv oder erinnert an ein Kaffeekränzchen aufgrund mangelnder Vorbereitung des Interviewers.

2. **Geschwätz:** Der Interviewer ist nicht konzentriert und/oder macht einen verwirrten Eindruck.

3. **Keine Aufzeichnungen:** Um keine wichtigen Informationen zu vergessen, sollten Aufzeichnungen während des Gespräches gemacht werden.

4. **Leitfragen:** Dies bedeutet, dass der Interviewer durch seine Fragen die erwünschten Antworten vorwegnimmt (s.o.). Die eigene Meinung darf nicht preisgegeben werden, sondern muss einer Neutralität im Gespräch weichen.

5. **Luftzeiten:** Nutzen Sie Schweigemomente für sich zur Beobachtung. Der Bewerber sollte sie in der Regel brechen.

6. **Vorurteile und Klischees:** Machen Sie sich Ihre Vorurteile bewusst und lassen Sie sie nicht Ihre Urteilsfähigkeit vernebeln.

7. **Hypothetische Fragen:** Vermeiden Sie möglichst „Was wäre wenn..."-Fragen, denn hier kann der Bewerber erfinden. Man sollte sich auf konkret Erlebtes beschränken.

8. **Chemistry:** Findet man keinen Draht zueinander, sollte dies trotzdem das Gespräch nicht behindern, vor allem wenn man später nicht in derselben Abteilung arbeiten wird.

9. **Mangelnde Härte:** Stellen Sie auch unbequeme Fragen mit entsprechenden Nachfassfragen.

10. **Spiegeleffekt:** Man sollte sich den Bewerber nicht in eine Position hineinwünschen, indem man in seine Antwort etwas hineininterpretiert, das so nicht gesagt wurde.

Absicherung der Entscheidung

Ein **Cross Check Interview** (= mehrere Interviewer schauen sich den Bewerber zu unterschiedlichen Zeitpunkten an) bzw. ein **Gruppeneinstellungsverfahren** (= mehrere Interviewer schauen sich den Bewerber zum selben Zeitpunkt an), sind gute Methoden, um eine Entscheidung über mehrere Entscheidungsträger zu objektivieren und abzusichern. In der Regel sollte bei jedem Einstellungsgespräch die Führungskraft der Abteilung dabei sein, die einen Mitarbeiter sucht. Das ist wichtig, um auch die fachlichen Fragen abzudecken.

Praxisteil

Übersicht der Unternehmensdaten die für den Bewerber interessant sein könnten:

Unternehmen	
Rechtsform	
Hauptsitz	
Niederlassungen	
Mitarbeiter	
Die wichtigsten Produkte	
Zukunftserwartungen	
Wachstumsrate der letzten 5 Jahre	
Besonderheiten	
Sonstiges	

Checkliste für das Interview

1. Vor dem Interview

♦ Sind mir die Schwerpunkte der Tätigkeit bewusst?
   Siehe Anforderungsprofil!

♦ Bewerbungsunterlagen analysiert?

♦ Gesprächsablauf und zentrale Fragen klar? Siehe Fragenkatalog!

♦ Störungen ausgeschaltet?

♦ Wichtige Unterlagen und Schreibzeug griffbereit?

2. Während des Interviews

♦ Sorgen Sie für eine angenehme Gesprächsatmosphäre

♦ Sprechen Sie kurz Zielsetzung und Zeitrahmen an

♦ Fragen Sie

   · Konkret

   · Offen (W-Fragen)

   · Nach (bei Unklarheiten)

   · Identisch (bei mehreren Interviews)

♦ Protokollieren Sie möglichst viele Aussagen

♦ Informieren Sie den Bewerber

♦ Achten Sie auf Ihren Gesprächsanteil (nicht mehr als 20-30 Prozent)

♦ Schließen Sie das Gespräch freundlich-verbindlich ab

Fragenkatalog
Fragen zu Berufs- und Bildungsweg

Frage	Hintergrund der Frage
Welche Schulen haben Sie besucht? Warum gerade diese? Welche Fächer haben Ihnen mehr Spaß gemacht, welche weniger?	♦ Hatte der Bewerber (= B.) besonders frühzeitig besondere Neigungen oder besonders ausgeprägte Interessen? ♦ Hat der B. für die Position relevante Fächer in der Schule bevorzugt oder abgelehnt?
Waren Sie Mitglied in Schüler- oder Studentenorganisationen?	♦ Hat der B. sich frühzeitig engagiert und bereits sehr früh Führungseigenschaften entwickelt und auch bewiesen?
Was würden Sie heute lernen / studieren, wenn Sie sich noch einmal entscheiden könnten?	♦ Ist der B. mit seiner Berufswahl zufrieden? ♦ Steht er zu seinen früher getroffenen Entscheidungen?
Halten Sie Ihren Berufs- und Ausbildungsweg für konsequent?	♦ Wie positiv kann der B. Abweichungen und Irrungen in seinem Werdegang darstellen? ♦ Steht er zu seinem Werdegang und kann er auch schlüssige Begründungen für eventuelle Karriereknicks angeben?
Haben sich Ihre ursprünglichen Erwartungen im beruflichen Bereich erfüllt?	♦ Ist der B. positiv eingestellt? ♦ Hat er resigniert? ♦ Versucht er trotzdem, seine Ziele weiterhin durchzusetzen?

Frage	Hintergrund der Frage
Welche Aufgaben hatten Sie im Unternehmen xy zu erledigen und wem waren Sie unterstellt?	♦ Wie viele Erfahrungen bringt der B. mit? ♦ Ist er an freies und selbstständiges Arbeiten gewöhnt oder wurde er kontrolliert?
Was hat Ihnen bei Ihrer letzten Tätigkeit am meisten und was am wenigsten gefallen?	♦ Ist der B. begeisterungsfähig und wenn ja für was? ♦ Hat er Elan? ♦ Sind seine Zufriedenheitskriterien für die potenzielle neue Stelle wesentlich oder gefiel ihm ausgerechnet ein wichtiges Kriterium überhaupt nicht?
Wie war die Zusammenarbeit mit Kollegen und Vorgesetzten?	♦ Kommt der B. gut mit anderen aus? ♦ Oder sind „immer nur die anderen schuld"? ♦ Spricht er negativ über frühere Chefs? ♦ Oder relativiert er Erfahrungen?
Warum haben Sie so oft gewechselt?	♦ Ist der B. vor unangenehmen Situationen geflüchtet? ♦ Waren seine Leistungen/sein Verhalten unangepasst? ♦ Wem gibt er die „Schuld" für seine Stellenwechsel?
Warum haben Sie bis heute noch nie gewechselt?	♦ Ist der Bewerber nicht mobil oder zu unflexibel? ♦ Scheut er Risiken? ♦ Hat er Schwierigkeiten, sich zu verkaufen?

Frage	Hintergrund der Frage
Konnten Sie bei Ihren letzten Arbeitsstellen neue Ideen vortragen und realisieren?	♦ Was für Ideen sind das? ♦ Ist der B. kreativ? ♦ Konnte er tatsächlich neue Impulse geben? ♦ Hat er sich für seine Ideen stark gemacht oder hat er zu schnell aufgegeben?
Bitte nennen Sie zwei schwierige Situationen, vor denen Sie in letzter Zeit standen und schildern Sie, wie Sie diese gelöst haben!	♦ Erkennt der B. frühzeitig auftretende Probleme? ♦ Kann er diese analysieren? ♦ Kann der B. delegieren? ♦ Hat der B. eine adäquate Problemlösestrategie? ♦ Hat er tatkräftig, überlegt und zielbewusst diese Situationen bewältigt? ♦ Sind diese Situationen wichtig für die neue Position?
Welche Aufgaben bereiten Ihnen Schwierigkeiten? Wie wollen Sie Ihr diesbezügliches Entwicklungspotenzial in Zukunft fördern?	♦ Besitzt der B. genügend Selbstkritik? ♦ Sind die genannten Schwächen für die betreffende Stelle tolerabel? ♦ Hat er die Motivation, sich bei Schwierigkeiten weiterzuentwickeln?
Können Sie Referenzen angeben?	♦ Der B. sollte möglichst ein oder zwei Personen angeben können. ♦ Am besten sind hier Vorgesetzte.

Frage	Hintergrund der Frage
Warum möchten Sie gerade bei uns anfangen?	♦ Hat sich der B. Gedanken gemacht über seinen neuen Arbeitgeber bzw. seine neue Stelle? ♦ Kennt er das Unternehmen? ♦ Wie wirkt unser Unternehmen auf den B.?
Was wissen Sie über unser Unternehmen?	♦ Hakt der B. eine Bewerbungsliste ab? ♦ Bis zu welchem Grad hat er sich mit Unternehmensdaten beschäftigt? ♦ Hat er die „harten Fakten" auswendig gelernt oder berichtet er frei (Rückschluss auf Problemlösefähigkeit und Genauigkeit bei der Gesprächsvorbereitung)
Welche Aussage hat Sie in unserer Anzeige besonders angesprochen?	♦ Ist die Anzeige auch so angekommen, wie sie beabsichtigt war? ♦ Hat der B. die Schwerpunkte herausgelesen und verstanden? ♦ Welche Eigenschaften erwartet der B. von der Stelle? ♦ Was interessiert ihn am meisten an der Stelle?
Haben Sie sich schon einmal bei uns beworben?	♦ Warum wurde er damals nicht eingestellt? ♦ Warum hat sich das damalige Beschäftigungsverhältnis aufgelöst? ♦ Existieren dazu noch Unterlagen?

Frage	Hintergrund der Frage
Hatten Sie schon einmal Gelegenheit, Nachwuchs zu rekrutieren bzw. Ihre Mitarbeiter zu fördern?	♦ Kann der B. Mitarbeiterpotenzial erkennen, richtig einschätzen, einsetzen und entwickeln?
Waren Sie für Ihre Mitarbeiter auch ein Vorbild?	♦ Kann der B. die Mitarbeiter mitreißen bzw. mit ihren Aufgaben identifizieren?
Standen Sie beruflich schon einmal vor einer schwierigen Entscheidung? Wie kamen Sie zu einer Lösung?	♦ Kann der B. entscheiden und Verantwortung tragen? ♦ Kennt er Entscheidungshilfen und wendet er sie an? ♦ Ist er bereit, Risiken einzugehen? ♦ Kam er innerhalb einer vertretbaren Frist zu einer Entscheidung?
Kannten Sie als Führungskraft immer den aktuellen Stand der laufenden Projekte?	♦ Kontrolliert der B. gezielt? ♦ Kann er kontrollieren, ohne das Vertrauen seiner Mitarbeiter zu verlieren? ♦ Stellte er die Qualität der Arbeiten sicher?

Fragen zur Selbsteinschätzung und Motivation

Frage	Hintergrund der Frage
Welche Aufgaben möchten Sie gerne übernehmen?	♦ Über- oder unterschätzt sich der B.? ♦ Stehen die Aufgaben in einer vernünftigen Relation zu seinem Werdegang?
Was würden Sie am liebsten beruflich tun, wenn Sie es sich aussuchen könnten?	♦ Hat der B. einen ganz anderen Traumberuf? ♦ Welche Eigenschaften hat sein Wunschberuf? ♦ Nehmen Sie dem B. seine Antwort ab? ♦ Warum realisiert er seine Wünsche nicht?
Weshalb haben Sie sich gerade für diese Stelle beworben?	♦ Sucht der B. „nur" einen Job oder eine wirkliche Aufgabe? ♦ Will er genau diese Stelle haben? Warum? ♦ Hat er sich intensiv mit den unternehmensspezifischen Produkten, Märkten und Zielen vertraut gemacht?
Welche Ziele wollen Sie in fünf Jahren erreicht haben?	♦ Wie ist das Anspruchsniveau des B.? ♦ Plant der B. zukunftsbezogen? ♦ Sind seine gesetzten Ziele realistisch und erreichbar für ihn?
Was ist Ihnen an Ihrem Arbeitsplatz besonders wichtig?	♦ Stehen für den B. materielle Aspekte im Vordergrund? ♦ Auf was genau legt er Wert?

Frage	Hintergrund der Frage
Welche Tätigkeit würde Sie überhaupt nicht interessieren, auch wenn sie noch so gut bezahlt wäre? Warum nicht?	♦ Wirkt der B. ehrlich? ♦ Welche Eigenschaften hat diese ungeliebte Tätigkeit? ♦ Sind diese von Belang für die Stelle?
Waren Sie in Ihrem Leben immer genau pünktlich?	♦ Dies ist eine sogenannte „Lügenfrage". Antwort: „Ja" = B. ist unehrlich Antwort: „Nein" = B. ist ehrlich
Unter welchen Bedingungen arbeiten Sie am liebsten?	♦ Liegen diese Bedingungen bei der in Frage kommenden Stelle vor? ♦ Was passiert, wenn diese Bedingungen nicht vorliegen? ♦ Verliert er dann seine Motivation? ♦ Ist der B. zu starr in seinen Vorstellungen?
Welche Erwartungen haben Sie an Ihre zukünftigen Chefs und Ihre Kollegen?	♦ Ist der B. an Kollegialität, Teamarbeit und Betriebsklima interessiert? ♦ Leistet er auch einen Beitrag dazu? ♦ Lässt er sich helfen und hilft er seinen Kollegen? ♦ Ist der B. teamfähig?
Wie lange wollen Sie bei uns bleiben?	♦ Ist der B. übereifrig und will „lebenslänglich" bleiben? ♦ Ist er an einem langfristigen Arbeitsverhältnis interessiert? ♦ Macht er seine Entscheidung von gewissen Gegebenheiten (Aufstiegsmöglichkeiten, Gehaltserhöhungen etc.) abhängig?

Frage	Hintergrund der Frage
Was sind Ihre persönlichen Stärken, was sind Ihre persönlichen Schwächen? *Dies ist eine häufig verwendete Frage, meist sind die B. gut vorbereitet, aber nur meist...*	◆ Kann sich der B. selbst einschätzen? ◆ Stimmen seine Stärken mit den Anforderungen für diese Stelle überein? ◆ Sind seine Schwächen wesentlich für diese Position oder nicht?
Welches endgültige Berufsziel haben Sie? Wann wollen Sie es erreicht haben?	◆ Ist der B. realistisch? ◆ Hat er konkrete Ziele und Pläne? ◆ Wie ist sein Anspruchsniveau?
Gab es in Ihrem Leben eine Person, die Ihren Berufsweg entscheidend beeinflusst hat?	◆ Inwiefern hat diese Person den B. geformt? ◆ Besteht eine Form der Abhängigkeit zu der Person? ◆ Was verkörpert diese Person für den B.?
Was qualifiziert Sie aus Ihrer Sicht besonders für diese Stelle? Nennen Sie dazu bitte fünf wichtige Gründe!	◆ Hat sich der B. intensiv mit den Möglichkeiten des Unternehmens und der Stelle auseinandergesetzt? ◆ Dokumentiert er Leistungsbereitschaft, Arbeitsmoral, Zielstrebigkeit, Ausdauer und Fleiß?
Wie würden Sie sich selbst charakterisieren?	◆ Zeigt der B. Selbstvertrauen und Selbstbewusstsein? ◆ Oder zeigt er Selbstzweifel? ◆ Klingt die Einschätzung realistisch?

Frage	Hintergrund der Frage
Was waren in Ihrem Leben die größten beruflichen Erfolge? Was waren Ihre größten Misserfolge?	♦ Sind die Erfolge in Bezug auf die neue Stelle bedeutsam und wichtig? ♦ Waren die Erfolge nur unter Einsatz von Energie zu erreichen? ♦ Oder fielen Sie ihm quasi in den Schoß? ♦ Welches Anspruchsniveau hat der B.? ♦ Welche Ursachen gab es für die Misserfolge? ♦ Welches Ausmaß hatten die Konsequenzen der Misserfolge?
Arbeiten Sie lieber alleine oder im Team? Warum?	♦ Ist der B. eher introvertiert oder extrovertiert? ♦ Ist er bereit und willens, sich in einem gewissen Umfang anzupassen und einzuordnen? ♦ Ist er teamfähig?
Was verstehen Sie unter beruflichem Erfolg?	♦ Welches Anspruchsniveau hat der B.? ♦ Wie steht der B. zu beruflichen Herausforderungen? ♦ Ist er realistisch? ♦ Mit welchen Werten ist Erfolg für den B. behaftet? ♦ Sieht er auch im privaten Bereich Erfolge?

Frage	Hintergrund der Frage
Welche materiellen Vorstellungen haben Sie bezüglich der gewünschten Stelle?	◆ Kennt der B. seinen Wert? ◆ Kennt er den Wert seines potenziellen Arbeitgebers? ◆ Hat der B. realistische Gehaltsvorstellungen? ◆ Kennt er sich in Gehaltsstrukturen aus?
Wie viel möchten Sie in fünf Jahren verdienen?	◆ Ist der B. ehrgeizig? ◆ Ist der Ehrgeiz mit Realismus gekoppelt?
Wie werden Sie von Ihren Freunden und Bekannten eingeschätzt?	◆ Die Beantwortung fällt dem B. in der Regel leichter als die direkte Frage. ◆ Oft werden hier ehrlichere Antworten gegeben.
Wie wirken Kritik bzw. Anerkennung auf Sie?	◆ Übernimmt der B. die Verantwortung für sein Handeln? ◆ Verkauft er sich unter Wert? ◆ Nimmt er Kritik an und lernt daraus? ◆ Wie geht er mit Lob um?
Was hat Sie bisher am stärksten frustriert?	◆ War es etwas, das der B. eigentlich hätte positiv beeinflussen können (Examensnote etc.)? ◆ Warum hat er es dann nicht verhindert? ◆ Wie ist er mit dem Frust umgegangen?

Frage	Hintergrund der Frage
Ist das Anfangsgehalt oder die weitere Entwicklung für Sie entscheidend? Würden Sie bei einer interessanten Stelle auch Gehaltseinbußen in Kauf nehmen?	♦ Denkt der B. langfristig? ♦ Verkauft er sich unter Wert? ♦ Oder ist er sehr materiell eingestellt?
Welches war der Hauptgrund für Ihre guten schulischen Leistungen?	♦ Sieht der B. den Hauptgrund in guter Vorbereitung oder im Zufall/Glück? ♦ Verkauft er sich über Wert? ♦ Sind seine Einschätzungen glaubhaft?
Wie oft waren Sie in Ihrer Schulzeit anderen Personen bei schwierigen Aufgaben behilflich?	♦ Konnte sich der B. in andere Menschen mit Problemen hineinversetzen? ♦ War er bereit, Mühen auf sich zu nehmen, um andere zu unterstützen?
Wie reagieren Sie im Berufsleben auf unliebsame Situationen?	♦ Findet sich der B. einfach damit ab? ♦ Zeigt er konstruktive Problemlösestrategien? ♦ Schiebt er die Problemlösung auf oder reagiert er sofort?
Welche Ihrer Fähigkeiten hat Ihnen bislang den meisten Erfolg gebracht?	♦ Ist diese Fähigkeit wichtig für die ausgeschriebene Stelle?

Fragen zur persönlichen, familiären und gesellschaftlichen Situation

Frage	Hintergrund der Frage
Welche Hobbys haben Sie? *Diese Frage darf aus mangelnder Relevanz nicht gestellt werden! Schön, wenn der Bewerber von sich aus etwas über seine Hobbies erzählt.*	♦ Besitzt der B. einen wünschenswerten Ausgleich zum Beruf? ♦ Ist seine Freizeitgestaltung mit Unfallgefahren verbunden? ♦ Kostet es ihn zu viel Zeit? ♦ Hindert die Freizeitgestaltung den B. an eventuellen Überstunden?
Sind Sie ortsgebunden?	♦ Besteht die Gefahr, dass der B. abwandert, wenn an seinem Wunsch-Ort eine Stelle angeboten wird? ♦ Ist er mobil einsetzbar?
Wie steht Ihr Partner/Ihre Partnerin zu Ihrer Bewerbung? *Diese Frage ist nur bei außerordentlichen Belastungen relevant und möglich wie beispielsweise Schichtdienste oder ausgeprägte Reisetätigkeiten etc.*	♦ Wird der Partner die Entscheidung mittragen und wieweit ist er/sie in die Bewerbung involviert?
Wie denkt Ihr Partner bzw. Ihre Familie über Ihren Beruf und Ihren Werdegang?	♦ Siehe oben

Frage	Hintergrund der Frage
Zeigen oder zeigten Sie bisher außerhalb Ihrer beruflichen Tätigkeit Organisationstalent* und Engagement*? *= beliebig durch andere relevante Begriffe ersetzbar	◆ Besitzt der B. Organisationstalent? ◆ Zeigt er die Bereitschaft, sich für etwas zu engagieren, womöglich ehrenamtlich? *Eine direkte Frage nach einem Ehrenamt oder einer Vereinstätigkeit ist nicht zulässig!* ◆ Ist er kontaktfreudig und kontaktbereit?

Weitere Fragen

... nach Kernkompetenzen aufgeschlüsselt ...

Lösung von Problemen

♦ Was machen Sie lieber – sich auf eine einzelne Aufgabe konzentrieren oder verschiedene Aufgaben parallel bearbeiten? Warum?

♦ Wie gehen Sie neuartige Aufgaben an?

♦ Wonach bestimmt sich für Sie die Wichtigkeit von Aufgaben?

♦ Welche Probleme haben Sie in Ihrer gegenwärtigen Position aufgespürt, die bis dahin übersehen worden waren?

♦ Inwiefern haben Sie Ihre Position verändert?

♦ Sind Sie ein guter Manager? Geben Sie ein Beispiel.

♦ Waren Sie an der Reduzierung von Kosten beteiligt? Wie?

♦ Waren Sie an der Steigerung des Verkaufs / Gewinns beteiligt? Wie?

♦ Welche Veränderungen haben Sie vorgeschlagen? Warum?

♦ Wie nahe sind Sie in der Vergangenheit dem geplanten Budget gekommen?

♦ Beschreiben Sie Situationen, in denen sich Ihre Einschätzung als wichtig herausgestellt hat.

♦ Was ist Ihnen lieber: Eine klare Aufgabe, bei der Sie genau wissen, was Sie im Einzelnen tun müssen oder eine Zielsetzung mit einem gewissen Handlungsspielraum? Warum?

♦ Wie bewerten Sie das Urteilsvermögen Ihrer Mitarbeiter / früheren Kollegen?

♦ Wie reagieren Sie, wenn Sie merken, dass Sie und Ihr Gesprächspartner grundsätzlich andere Standpunkte vertreten?

♦ Wie gehen Sie mit Situationen um, in denen Sie einen Konflikt nicht lösen können?

♦ Wie sprechen Sie Dinge an, die Ihnen überhaupt nicht gefallen, oder die Sie geändert haben möchten?

♦ Wie wirkt sich das auf Sie aus, wenn Sie merken, dass Spannung in der Luft liegt?

♦ Sind Ihre Mitarbeiter / Kollegen an Ihrer Meinung interessiert?

- Wie lässt sich Ihrer Meinung nach die Arbeit in einem Team effektiv gestalten?
- Wie würden Sie Ihr gegenwärtiges Unternehmen beurteilen?
- Können Sie gut analysieren? Geben Sie ein Beispiel.
- Kommen Mitarbeiter mit ihren Problemen zu Ihnen?
- Beschreiben Sie Probleme bei der Personalführung, die Ihnen begegnet sind.

Kommunikationsfähigkeit

- Leiten Sie gerne Gruppendiskussionen? Nennen Sie ein Beispiel.
- Haben Sie jemals eine Arbeitsgruppe geleitet? Wie genau haben Sie das bewerkstelligt?
- Wie effektiv sind Sie bei Gesprächen unter vier Augen oder in kleinen Gruppen?
- Welche Leistungen können Sie benennen, die belegen, dass Sie gut kommunizieren können?
- Kommunizieren Sie über eMails, Telefon oder direkt?
- Wie bewerten Sie sich selbst bei der Darstellung von Sachverhalten?
- Wird von Ihnen verlangt, dass Sie Ihre Ideen „verkaufen"?
- Auf welche Weise könnten Sie Ihre Kommunikationsfähigkeit verbessern?
- Suchen Sie auch mal den Rat von anderen? Wann?
- Glauben Sie, dass Sie gut zuhören können? Warum?
- Fällt es Ihnen leicht, Ihre eigenen Interessen immer und überall zu vertreten?
- Was kann Sie in der Zusammenarbeit mit anderen ärgerlich machen und wie gehen Sie damit um?
- Wie machen Sie sich in einer Gruppe verständlich?

Motivation

- Welche kurzfristigen und langfristigen Ziele haben Sie?
- Was suchen Sie bei einer neuen Aufgabe?
- Welche Position würden Sie bei freier Auswahl wählen?

- Wie lange schätzen Sie wird es dauern, bis sich Ihre Beschäftigung für unser Unternehmen bezahlt macht?
- Sind Sie mit der Geschwindigkeit Ihrer Karriere zufrieden?
- Reagieren Sie auch emotional?
- Wie verhalten Sie sich, wenn Ihr Chef Sie unter Druck setzt?
- Mögen Sie Hektik?
- Wie beurteilen Ihre Kollegen / Ihr Chef Ihren Elan?
- Welche verhängnisvolle Situation wurde durch Ihr Eingreifen verhindert?
- Wie haben Sie Ihr Studium finanziert?
- Wie haben Sie Ihre erste Stelle gefunden?
- Was ist wichtiger – Form oder Inhalt?
- Haben Sie jemals eine Stelle gewechselt, weil Ihnen die gestellten Anforderungen nicht genügten?
- Was ist das Schwierigste bei der Zusammenarbeit in der Gruppe?
- Stellen Sie hohe Ansprüche?
- Sind Sie bereit, Umwege zu gehen, um ein Ziel zu erreichen?
- Was reizt Sie daran, eine Sache ganz auf sich gestellt machen zu können?
- Wie wichtig sind Ihnen die Rückmeldungen von außen über Ihr Verhalten und Ihre Leistungen?
- Wie sieht es aus, wenn Sie einen einmal gefassten Vorsatz in die Tat umzusetzen versuchen?
- Welchen Stellenwert hat es für Sie, im direkten Wettbewerb zu gewinnen?
- Welche beruflichen Ziele haben Sie sich für das nächste Jahr gesetzt?
- Was ist wichtiger: Etwas termingerecht fertig zu stellen oder es ganz genau zu machen?
- Haben Sie Fortbildungen belegt? Welche?
- Welche Interessen außerhalb der Arbeit haben Sie?
- Wie würden Sie die Wurzel Ihres Erfolges beschreiben?
- Welche berufsbezogene Lebensphilosophie haben Sie?

Selbstanalyse

- Wie würde Ihr Chef Sie in folgenden Gebieten beurteilen?
  - Problemlösung
  - Schriftliche und mündliche Kommunikationsfähigkeit
  - Motivation
  - xy
- Bei welchen Aufgaben / Gelegenheiten arbeiten Sie lieber in der Gruppe, wann lieber alleine?
- Welche Erfahrungen haben Sie in der Zusammenarbeit mit anderen gemacht?
- Wie sehen Sie sich selbst?
- Belastungsfähigkeit:
  Wodurch sind Sie aus der Ruhe zu bringen?
- Schildern Sie Situationen, in denen Sie extremen Stress erlebt haben.
- Wie arbeiten Sie unter Zeitdruck?
- Was geht in Ihnen vor, wenn Sie eine neue, schwierige Aufgabe erledigen müssen?
- Was denken Sie, wenn etwas nicht ganz so läuft, wie Sie es gerne hätten?
- Was ist Ihre größte Stärke bzw. Ihre größte Schwäche?
- Warum sollten wir Sie einstellen? (Kann auch etwas darüber aussagen, wie gut der Bewerber das Unternehmen kennt.)
- Was können Sie leisten, was ein anderer nicht kann?
- Wie würden Sie Ihre Persönlichkeit beschreiben?
- Was würden Sie anders machen, wenn Sie noch einmal von vorne anfangen könnten?
- Was waren Ihre (drei) größten Leistungen in Ihrer Karriere?
- Wie viel Gehalt sind Sie wert?
- Was sind Ihre stärksten Fähigkeiten und wie werden sie Ihnen bei dieser Position helfen?
- Wie merken Sie, dass Sie gute Arbeit geleistet haben?
- Wären Sie in der Lage, die Aufgaben Ihres Chefs zu erfüllen?
- Sind Sie kreativ? Beispiele.

Führungsfähigkeit

- Wann ordnen Sie an und wann befragen Sie Ihre Mitarbeiter?
- Wie ist Ihr Führungsstil?
- Geben Sie mir ein Beispiel für Ihre Führungsfähigkeit.
- Beschreiben Sie den idealen Vorgesetzten und den idealen Mitarbeiter.
- Was halten Ihre Mitarbeiter von Ihnen?
- Was halten Sie von Ihrem Chef?
- Haben Sie selbst schon Mitarbeiter eingestellt? Worauf achten Sie dabei?
- Haben Sie schon Mitarbeiter entlassen?
- Wie gehen Sie mit Entlassungen um? (Zeigt der Bewerber Einfühlungsvermögen?)
- Wie sehen Sie die Rolle der Frau im Geschäftsleben?
- Was ist die wichtigste Stütze eines Geschäfts?
- Wie steigern Sie die Leistungen Ihrer Mitarbeiter?
- Wie groß ist Ihre Mitarbeiterfluktuation?
- Wie versuchen Sie, die schwächeren Ihrer Mitarbeiter zu fördern?
- Beschreiben Sie eine Situation, in der Sie sich als gute Führungspersönlichkeit bewährt haben.
- Was macht im Geschäftlichen eine gute Führungskraft aus?
- Welche Ihrer Mitarbeiter sind befördert worden?
- Glauben Sie an Teamarbeit?
- Wie würden Sie Ihre Wirkung innerhalb des Unternehmens beschreiben?
- Haben Sie Ihr Unternehmen in der Öffentlichkeit vertreten?
- Wurden Sie als Projektleiter ausgewählt?

Verwaltung und Selbstorganisation

- Beschreiben Sie, wie Sie sich an einem typischen Tag die Zeit einteilen. Wie setzen Sie Prioritäten?
- Wie verteilen Sie Aufgaben und welche Kontrollen nutzen Sie?
- Welche Aufgaben sind Ihrer Überzeugung nach delegierbar?
- Haben Sie Ihre Organisation verändert? Warum?
- Könnte Ihr Team ohne Sie weiterarbeiten?
- Nach welchen Kriterien beurteilen Sie, ob ein Mitarbeiter gut ist?
- Lehnen Sie auch mal etwas ab? Warum?
- Wie planen und organisieren Sie Ihre Arbeit?
- Haben Sie in Ihrer Position viele Krisen? Warum?
- Wo sind Sie besser, bei der Planung oder bei der Durchführung?
- Wenn Sie einmal an eine typische Tätigkeit denken, die Sie momentan häufig ausüben: Wie gehen Sie da in der Regel vor?

Das waren jetzt erst einmal ein paar Vorschläge, sicher haben Sie auch eigene Ideen, wie Sie zu den von Ihnen gewünschten Informationen kommen. Im Gespräch sollte jedes Kriterium durch mehrere Fragen verschiedenen Inhalts abgedeckt werden. So können Sie zu besser abgesicherten und vielschichtigeren Informationen kommen. Die Fragen sollten so formuliert sein, dass der Bewerber weitgehenden Spielraum bei der Beantwortung hat und nicht nur mit „Ja" oder „Nein" antworten kann. Andererseits müssen sie präzise genug sein, um Ihre Zielrichtung klar werden zu lassen, sonst wird er schnell unsicher und irritiert sein.

Als optimale Frageform hat sich wie bereits erwähnt die offene W-Frage herausgestellt. Die Fragestellungen müssen auch auf die Situation der jeweiligen Stelle abgestimmt sein. Bei einer Position ohne Führungsverantwortung sind manche der oben aufgeführten Fragen wenig sinnvoll. Welche im Detail angebracht sind, hängt also von den bisherigen Tätigkeiten, Kompetenzen und Verantwortlichkeiten des Bewerbers ab. Das Sahnehäubchen, sozusagen die Kür, ist es, den jeweiligen Fragen eine Bitte nach konkreten Beispielen anzuhängen.

Unzulässige Fragen
im Vorstellungsgespräch

Häufig besteht eine große Unsicherheit darüber, welche Fragen man dem Bewerber stellen darf und welche nicht. Fakt ist: Der Arbeitgeber ist bei der Einstellung von Arbeitnehmern nicht berechtigt, unterschiedslos alle Fragen zu stellen. Er darf nämlich nur jene Fragen stellen, welche

- **zur Einstellungsentscheidung,**
- **zur fachlichen und persönlichen Einschätzung sowie**
- **zur Ausübung der Tätigkeit**

erforderlich sind.

Alle anderen Fragen sind überflüssig und meistens auch rechtswidrig. Und genau dann – wenn die Fragen rechtswidrig sind – darf der Bewerber diese falsch beantworten, ohne dass er rechtliche Konsequenzen befürchten muss. Sofern die Fragen aber berechtigt sind, führt eine Lüge dazu, dass der Arbeitgeber den Arbeitsvertrag jederzeit anfechten kann. Mit dieser Anfechtung wird das Arbeitsverhältnis sofort beendet, ohne Kündigungsschutz und ohne Kündigungsfrist.

Der Arbeitgeber muss alle Fragen unterlassen, die nicht im Zusammenhang mit der Tätigkeit stehen und auch für die Erbringung der Arbeitsleistung nicht von Bedeutung sind.

Im folgenden werden die Bereiche genannt, die unzulässige oder nur in Teilen zulässige Fragen beinhalten:

Bisherige Vergütung

Die Frage nach dem bisherigen Verdienst ist in der Regel unzulässig, vor allem wenn dieser keine Rückschlüsse auf die aktuelle Stelle zulässt. Allerdings darf der Arbeitgeber den Bewerber nach seinen Gehaltsvorstellungen fragen.

Schulden und Vermögensverhältnisse

Generell gehen die Vermögensverhältnisse den Arbeitgeber nichts an. Dies gilt sowohl für das Vermögen, möglichen Grundbesitz, wie auch für Schulden. Wenn der Arbeitnehmer allerdings eine Stelle antreten soll, für die ein besonderes Vertrauen, vor allem in finanzieller Hinsicht, erforderlich ist oder mit besonderer Verantwortung beziehungsweise besonderen Betriebsgeheimnissen verbunden ist verhält es sich anders. Schließlich liegt ein besonderes Interesse an den Vermögensverhältnissen auch dann vor, wenn der Arbeitnehmer selbst über Geld des Arbeitgebers oder über dessen Vermögenswerte verfügen muss oder wenn er wichtige Entscheidungen treffen soll.

Lohn- und Gehaltspfändungen

Ohne besondere Anhaltspunkte darf der Arbeitgeber nicht generell nach Pfändungen von Arbeitsvergütungen beim Arbeitnehmer fragen. Die Frage nach aktuellen Gehaltspfändungen ist allerdings berechtigt. Der Arbeitgeber muss sich insbesondere darauf einstellen können, was auf ihn an zusätzlichen Arbeiten und Kosten im Buchhaltungsbereich zukommt.

Schwangerschaft

Die Frage nach der Schwangerschaft ist in der Regel unzulässig. Sie stellt eine Diskriminierung der Frau dar. Die Frage ist allerdings dann rechtens, wenn die Betroffene Arbeiten verrichten soll, die von einer Schwangeren nicht ausgeführt werden können oder dürfen, etwa weil eine Gefahr für das Ungeborene

besteht. Ebenfalls zulässig ist die Frage, wenn die Schwangere für einen Groß-
teil der Tätigkeit (wenn diese beispielsweise befristet ist) durch die Schwangerschaft ausfällt. Zu guter letzt darf die Frage auch gestellt werden, wenn sich
nur Frauen für die Tätigkeit bewerben können. Hier fällt das Argument der
Frauendiskriminierung weg.

Schichtdienst

Ist die Tätigkeit mit Schichtdienst verbunden, ist die Frage nach der Schichtbe-
reitschaft des Bewerbers berechtigt.

Heiratswunsch / Kinderwunsch

Für diese Fragen gibt es keine ausreichende Berechtigung.
Sie sind absolut tabu.

Krankheiten

Fragen nach Krankheiten des Bewerbers und nach dem Gesundheitszustand
sind nur zulässig, soweit diese die Arbeitsfähigkeit des Bewerbers stark beeinträchtigen oder eine Gefährdung im Arbeitsprozess darstellen (z. B. körperliche
Arbeit im Lager, Arbeit im Lebensmittelbereich). Der Bewerber unterliegt einer
Offenbarungspflicht, wenn er ansteckende Krankheiten hat und somit zukünf-
tige Kollegen gefährden könnte. Die Frage nach einer HIV-Erkrankung ist generell nicht zulässig. Sie kann ausnahmsweise im Bereich des Gesundheitswesens
oder in der Lebensmittelverarbeitung zulässig sein, falls Mitarbeiter Patienten-
und Blutkontakt haben werden. Der Arbeitgeber darf insbesondere nicht nach
kleineren früheren Erkrankungen (Kinderkrankheiten etc.) fragen.

Vorstrafen / Führungszeugnis

Der Arbeitgeber darf nicht generell ein polizeiliches Führungszeugnis verlangen
oder nach Vorstrafen aller Art fragen. Die Frage nach Vorstrafen ist nur zulässig,
soweit die Vorstrafen die vertraglich geschuldete Tätigkeit betreffen können.
Sie ist außerdem nur zulässig für Delikte, die noch nicht getilgt sind. Im Register

getilgte Strafen müssen nicht benannt werden. Die für ein Beschäftigungsverhältnis einschlägigen Vorstrafen müssen jedoch auf Fragen des Arbeitgebers bekannt gegeben werden. So muss zum Beispiel ein Bankkassierer Fragen nach Vorstrafen wegen Vermögensdelikten ehrlich beantworten.

Freiheitsstrafe / Verfügbarkeit

Fragen nach der Verfügbarkeit von Bewerbern sind grundsätzlich zulässig. Ein Arbeitnehmer etwa, der sich um eine Daueranstellung bewirbt, muss dem Arbeitgeber von sich aus ungefragt eine rechtskräftige und demnächst zu verbüßende mehrmonatige Freiheitsstrafe offenbaren.

Religions-, Partei-, Gewerkschaftszugehörigkeit

Generelle Fragen nach der Religions-, Partei-, oder Gewerkschaftszugehörigkeit sind unzulässig. Dies gilt auch für entsprechende Fragen bezüglich des Ehegatten.

Ausnahmen:

Fragen nach einer Zugehörigkeit zur Scientology Church sind zulässig, da diese gemeinhin als Sekte gilt.

Bei der Bewerbung:

Die Frage nach einer Parteizugehörigkeit bzw. früherer Stasi-Tätigkeit ist in der Regel in einem heutigen Arbeitsverhältnis für die Durchführung der arbeitsvertraglichen Verpflichtungen ohne Bedeutung. Ausnahmen gibt es dann, wenn sich ein Arbeitnehmer für ein „Tendenzunternehmen" bewirbt, z.B. für die Tätigkeit in einer kirchlichen Organisation, für die Tätigkeit in einer Partei, einer Gewerkschaft oder für die Tätigkeit beim Militär. Der Arbeitnehmer muss dann auf die Frage ehrlich antworten, es sein denn eine etwaige Stasitätigkeit endete vor 1970, denn dann wird sie als irrelevant betrachtet.

Bei der Einstellung:

Nach erfolgter Einstellung darf der Arbeitgeber auch nach der Gewerkschaftszugehörigkeit fragen, falls der Arbeitgeber Mitglied des Arbeitgeberverbandes ist und dadurch verpflichtet ist, Tariflohn zu zahlen. Zahlt der Arbeitgeber ohnehin Tariflohn, besteht kein Anlass zu dieser Frage.

Die Frage nach der Religionszugehörigkeit kann allerdings zulässig werden, wenn der Arbeitnehmer eingestellt ist. In diesem Falle muss der Arbeitgeber abfragen, ob der Arbeitnehmer kirchensteuerpflichtig ist.

Ehrenamtliche Tätigkeiten / Privatleben

Ehrenamtliche Tätigkeiten (!), Vereinstätigkeiten (!), das Privatleben und die entsprechenden Gepflogenheiten, sexuelle Vorlieben (wer fragt das schon?) etc. gehen den Arbeitgeber generell nichts an. Solche Fragen sind in der Regel unzulässig.

Diskriminierungsverbot

Dem Arbeitgeber ist es untersagt, Bewerber wegen ihres Geschlechtes zu benachteiligen. Verstößt der Arbeitgeber dagegen, macht er sich schadenersatz- oder schmerzensgeldpflichtig. Außerdem ist es rechtswidrig, eine Arbeitnehmerin auf einem Dauerarbeitsplatz nur deshalb abzuweisen, weil sie schwanger werden kann, schwanger aussieht oder schwanger ist (s.o.). Man sollte also seine Fragen an den Bewerber darauf hin überprüfen, ob sie möglicherweise eine Diskriminierung beinhalten.

Schwerbehinderung / Einarbeitungszuschuss

Die Frage des Arbeitgebers im Vorstellungsgespräch nach der Schwerbehinderung des Bewerbers wird nach der bisherigen ständigen Rechtsprechung des Bundesarbeitsgerichts (so u.a. BAG 18.10.2000 - 2 AZR 380/99) als zulässig angesehen. Jedoch wurden sämtliche Entscheidungen vor dem Inkrafttreten erlassen, nach denen ein schwerbehinderter Arbeitnehmer wegen seiner Behinderung bei der Begründung eines Beschäftigungsverhältnisses nicht wegen seiner Behinderung benachteiligt werden darf.

Nunmehr herrscht in der Literatur einhellig die Ansicht, dass die Frage des Arbeitgebers nach der Schwerbehinderung unzulässig ist, eine Änderung der höchstrichterlichen Rechtsprechung wird insofern erwartet. Dem Arbeitgeber ist nicht zuletzt im Hinblick auf mögliche Entschädigungsansprüche gemäß § 15

AGG von der Anwendung der Frage abzuraten. Eindeutig ist die Frage nach der Schwerbehinderung weiterhin zulässig, wenn die auszuübende Tätigkeit mit einer Schwerbehinderung auch mit Hilfsmitteln nicht oder nur sehr eingeschränkt ausgeübt werden kann. Auch die Frage nach einer Körperbehinderung ohne Vorliegen der Schwerbehinderteneigenschaft ist dann zulässig.

Ein schwer behinderter oder gleichgestellter Bewerber ist grundsätzlich nicht verpflichtet, im Vorstellungsgespräch die Schwerbehinderung ungefragt zu offenbaren. Etwas anderes gilt jedoch dann, wenn er die Tätigkeit nicht oder nur mit Einschränkungen ausüben kann.

Referenzauskünfte

Arbeitgeber dürfen bei Dritten (Referenten) Auskünfte über die berufliche Eignung von Bewerbern einholen. Arbeitnehmer haben das Recht, den Inhalt der Aussagen zu kennen, die frühere Arbeitgeber über sie erteilt haben. Bei einem noch ungekündigten Arbeitsverhältnis dürfen künftige Arbeitgeber beim gegenwärtigen Arbeitgeber nur mit ausdrücklicher Einwilligung des Bewerbers Informationen einholen. Es sind hier nur Fragen erlaubt, die in einem direkten Zusammenhang mit dem zukünftigen Arbeitsplatz oder der zu leistenden Arbeit stehen.

Die rechtliche Lage ist ständigen Änderungen unterworfen. Daher übernimmt die Autorin keine Gewähr für die oben gemachten Angaben. Bei einer konkreten Fragestellung wenden Sie sich bitte an einen Fachanwalt für Arbeitsrecht.

Klassische Beurteilungsfehler

Wir alle wissen, wie sehr wir uns – obgleich wir uns dagegen wehren – von optischen und äußerlichen Eindrücken beeinflussen lassen. Wir erfahren oft die Täuschungen solcher Eindrücke und unterliegen ihnen nicht selten nochmals. So geht es uns auch, wenn wir einem Bewerber oder einer Bewerberin zum ersten Mal begegnen.

In der Psychologie kennt man spezifische Beurteilungsfehler, die immer wieder auftreten können. Vermindern kann man diese Fehler nur, wenn man sie sich ständig bewusst macht. Jeder Interviewer sollte sich daher kritisch zu seinen Gefühlen für oder gegen einen Kandidaten befragen, bevor er eine Beurteilung abgibt.

Im Folgenden werden einige typische Beurteilungsfehler genauer dargestellt:

1. **Der Überstrahlungsfehler oder „Halo-Effekt"**

   Der Halo-Effekt tritt dann auf, wenn von einer (meist hervorstechenden) Eigenschaft auf den gesamten Menschen geschlossen wird. Wenn Sie zum Beispiel von einem äußerlich attraktiven Menschen annehmen würden, er sei intelligent, erfolgreich, kontaktfreudig und von sicherem Auftreten, so wäre das ein typischer Überstrahlungsfehler. Dieses Beispiel mag zu simpel anmuten, doch solche Merkmalszuschreibungen sind durch die sozialpsychologische Forschung eindeutig belegt.

2. **Die Sympathie-Antipathie-Falle**

   Jeder von uns kennt das Phänomen: Wir lernen einen Menschen neu kennen, sind ihm noch nie zuvor begegnet. Innerhalb sehr kurzer Zeit empfinden wir Sympathie oder Antipathie ihm gegenüber, vermögen aber häufig nicht zu sagen, worauf dieses Gefühl beruht. Ausschlaggebend sind hier vor allem Merkmale der äußeren Erscheinung wie Kleidung, Haarschnitt, Gestalt, Gesichtsausdruck, Blickkontakt, die Stimme und die Sprechweise, der Händedruck, der Gang, die Gestik etc. Jeder macht sicherlich einmal die Erfahrung, dass sein erster Eindruck von einer Person falsch war. Er bildet sich schnell zu einem Vorurteil. Ein echtes Urteil können wir aber noch gar nicht abgeben, weil wir unser Gegenüber nicht gut genug kennen. Fatal an diesem Vorurteil ist aber unsere Tendenz, es im folgenden Kontakt bestätigen zu wollen. Es entsteht eine selektive Wahrnehmung: Unsere Aufmerksamkeit richtet sich primär auf Sachverhalte oder Verhaltensweisen, welche die Sympathie/Antipathie bestätigen sollen. Informationen hingegen, welche unser Vorurteil widerlegen könnten, blenden wir tendenziell aus. Die Sympathie-Antipathie-Falle ist nur zu umgehen, wenn wir uns des spontanen Gefühls bewusst werden und uns fragen, wodurch und an welcher Stelle es genau entstanden ist. Eine grundlegende Erkenntnis aus der Sozialforschung mag hier hilfreich sein: Je mehr wir einen Menschen als uns ähnlich wahrnehmen, desto stärkere spontane Sympathie empfinden wir für ihn.

3. Die Tendenz zur Mitte

Viele Menschen scheuen sich, extrem gute oder extrem schlechte Beurteilungen abzugeben, auch wenn starke Ausprägungen eines Merkmals dies rechtfertigen würden. Im Ergebnis kommen dann Beurteilungen heraus, die nur gering um die neutrale Mitte herum streuen und damit relativ wenig Aussagekraft haben. Ziehen Sie Ihre Schlussfolgerungen so weit als möglich anhand des Anforderungsprofils. Entscheiden Sie dann deutlich, wie weit der Kandidat den Anforderungen der zu besetzenden Position gerecht wird. Es geht ja im Interview nicht darum, den Bewerber relativ zur Gesamtbevölkerung einzuschätzen, sondern seine Eignung für eine ganz bestimmte Stelle zu ermitteln.

4. Der Strengefehler

Dieser Fehler tritt besonders dann auf, wenn das Verhalten eines Kandidaten im Kontrast zu den Normen und Vorlieben des Interviewers steht. So könnte ein Interviewer, der großen Wert auf höfliche und zurückhaltende Umgangsformen legt, einen eher burschikosen und unkonventionellen

Bewerber hinsichtlich seiner „Kontaktfähigkeit" viel schlechter beurteilen als andere Interviewer. Wirken auch noch Überstrahlungsfehler und das Vorurteil mit, kann sich diese negative Tendenz auf weitere Merkmale auswirken, die ebenfalls nicht angemessen eingeschätzt werden. Man sollte sich deshalb immer wieder fragen, wie weit Verhaltensweisen der Bewerber von Ihren eigenen Vorstellungen vom „richtigen" Verhalten abweichen. Der Strengefehler kann auch bei Menschen auftreten, die überzogene Ansprüche an ihre Mitmenschen stellen. Damit verbunden ist häufig eine Einstellung grundsätzlicher Ablehnung anderer und ausgeprägten Misstrauens gegen sie.

5. Der Mildefehler

Der Interviewer scheut sich allgemein, in negative Richtungen gehende Einschätzungen vorzunehmen. Lieber „lässt er fünf gerade sein". Der Mildefehler unterläuft unter anderem Menschen, die sich ihres eigenen Urteils nicht sicher sind und fürchten, es Dritten gegenüber nicht hinreichend begründen zu können. Über zu milde Einstufungen könnte der Interviewer versuchen, möglichen Auseinandersetzungen auszuweichen. Eine zu positive Einschätzung werden wir wahrscheinlich auch dann vornehmen, wenn wir selbst in diesem Merkmal eine Schwäche bei uns sehen. Die negative Einstufung würde ja letztlich auch für uns selbst zutreffen. Man sollte sich mit den eigenen Schwächen vertraut machen und in einem Gespräch mit einer anderen Person den eigenen blinden Fleck kennen lernen. Das kann im Interview von großem Nutzen sein.

6. Der Korrelationsfehler

Ein Korrelationsfehler liegt vor, wenn ein falscher Zusammenhang zwischen zwei Eigenschaften hergestellt wird. So wird von Menschen mit selbstsicherem Auftreten häufig angenommen, sie seien auch überdurchschnittlich intelligent. Die Selbstsicherheit steht aber mit der Intelligenz in keinem nachweisbaren Zusammenhang, sie kann ohne große intellektuelle Leistung antrainiert werden.

7. Der Hierarchiefehler

Dieser Fehler entsteht, wenn Einschätzungen unter zu starker Berücksichtigung des Bildungsgrades oder der hierarchischen Position des Bewerbers vorgenommen werden. Es ist ein weit verbreiteter Irrglaube anzunehmen, dass ein Abteilungsleiter per se besser sein muss als ein Sachbearbeiter. Sowohl für die fachliche als auch für die Führungskompetenz trifft das nicht zwingend zu, selbst wenn es die Regel sein sollte. Gleiches gilt für den Bildungsgrad: Ein Akademiker ist nicht wegen seines Studiums für Führungsaufgaben geeigneter als ein Facharbeiter. Führen lernt man nicht aus Büchern oder Vorlesungen, sondern durch Handeln. So kann ein Facharbeiter unter Umständen durch seine betriebliche Erfahrung sogar besser auf Führungsanforderungen vorbereitet sein als ein in dieser Hinsicht noch „unbeleckter" Jungakademiker.

Die ausführliche Erörterung möglicher Beurteilungsfehler mag den Eindruck erwecken, als sei eine gerechte Urteilsfindung nicht möglich. Richtig ist sicherlich, dass es keine objektive Beurteilung geben kann, sie ist immer von subjektiven Faktoren beeinflusst. Dennoch kann die Entscheidung über Einstellung oder Nichteinstellung dem Einzelnen gerecht werden – sofern wir mögliche Fehleinschätzungen einkalkulieren und den gesamten Prozess des Einstellungsinterviews mit der notwendigen Sorgfalt und Umsicht handhaben.

Negative Informationen
in Arbeitszeugnissen

Knappe Formulierungen oder Verschweigen

Die erste Möglichkeit besteht darin, knappere Formulierungen als üblich zu wählen. Das Zeugnis insgesamt kann dann rechtlich nicht beanstandet werden, weil es alle wesentlichen Teile enthält. Einzelne Sachverhalte werden für den Fachmann aber doch als „schwierig" gekennzeichnet. Eine Variante besteht darin, Aussagen, die bei bestimmten Themen erwartet werden, einfach nicht zu machen, das so genannte „beredte Schweigen". Verschweigt man beispielsweise bei einer Kassiererin, dass sie stets ehrlich war, weist das in der Regel darauf hin, dass sie des Öfteren mal in die Kasse gegriffen hat.

Hervorheben von Unwesentlichem

Zum zweiten werden unwichtige Sachverhalte, oft sogar Banalitäten, besonders betont. Das deutet dann darauf hin, dass dem Zeugnisempfänger andere Qualitäten, die durchaus wichtiger wären, fehlen. Bei höher qualifizierten Mitarbeitern bedeutet beispielsweise die Erwähnung von Ordentlichkeit und Pünktlichkeit eine Abwertung.

Codierte Formulierungen

In der Öffentlichkeit am besten bekannt sind jedoch die codierten Aussagen, scheinbar unverfängliche Bemerkungen, die für Eingeweihte einen geheimen Bedeutungsinhalt transportieren. Es muss jedoch immer wieder betont werden: Vielleicht sind zweideutige Formulierungen auch nur zufällig in den Text geraten. Nicht jeder Zeugnisschreiber verfügt über die Fähigkeiten und Kenntnisse, so zu formulieren, dass andere verstehen, was wirklich gemeint ist. Möglicherweise glaubt man verschlüsselte Aussagen zu erkennen, aber hat der Schreiber wirklich den Code bewusst verwendet? Ganz wesentlich kommt es auf die Professionalität des Zeugnisschreibers an. Vom Personalchef eines großen Unternehmens erwartet man mehr Sachkunde als vom Inhaber eines Kleinbetriebs.

Es gibt feststehende Formulierungen, die man einfach kennen muss. Zumeist handelt es sich um eigentlich gute Eigenschaften, die aber mit einer anderen Bedeutung belegt werden:

Einfühlungsvermögen: Hang zu sexuellen Kontakten

Geselligkeit: Übertriebener Alkoholgenuss

Verständnis für die Arbeit: Passivität

Interesse für die Arbeit: Nutzloses Bemühen

Manchmal ist auch die Reihenfolge der genannten Begriffe sehr aufschlussreich.

Gebräuchliche Codierungen
in Arbeitszeugnissen

Um einen Eindruck von der Formulierungspraxis zu bekommen sind im Folgenden einige gebräuchliche Satzbausteine aufgelistet, für ein weitergehendes Interesse sei entsprechende Literatur zu Zeugnisformulierungen empfohlen.

Um insgesamt den Leistungs- und Zufriedenheitsgrad mit dem Beurteilten darstellen zu können, wird ein **quantitatives** (stets, häufig, ...) und ein **qualitatives** (vollste, volle, ...) Element verwendet. Wird eins von beiden oder werden gar beide Elemente weggelassen, deutet das auf eine mindere Leistungsqualität, bzw. mindere Zufriedenheit mit dem Beurteilten hin. Bei einem guten Mitarbeiter werden sowohl die Arbeitsweise als auch die Arbeitsergebnisse gelobt. Um einen mäßigen bzw. schlechten Mitarbeiter zu beschreiben, werden die Arbeitsergebnisse weder in guter noch in schlechter Hinsicht erwähnt. Meist finden Wörter wie „versuchte", „bemühte sich", „mit Fleiß", „war bestrebt" etc. Verwendung. Dies soll kennzeichnen, dass der Betreffende über seine Bemühungen hinaus keine guten Ergebnisse erzielt hat. Dies gilt allerdings nur dann, wenn die Ergebnisse nicht gesondert erwähnt werden!

Sehr gute und gute Leistungen:

MERKE: EIN GUTES ZEUGNIS KLINGT WIE EINE WASCHMITTELWERBUNG!

Weißer als weiß...

AL: Die Arbeiten wurden stets zu unserer vollsten Zufriedenheit erledigt.

Frau xy erzielte herausragende Arbeitsergebnisse.

Herr yx hat vereinbarte Ziele selbst unter schwierigsten Bedingungen zumeist noch übertroffen.

Die Arbeiten wurden immer zu unserer vollsten / stets zu unserer vollen Zufriedenheit erledigt.

Frau xy zeigte stets eine überdurchschnittliche Arbeitsqualität.

AW: Die Aufgaben wurden jederzeit mit großer Sorgfalt und Genauigkeit erledigt.

Herr yx zeigte stets Initiative, Fleiß und Ehrgeiz.

Die Aufgaben wurden stets mit äußerster Sorgfalt und größter Genauigkeit erledigt.

V: Das Verhalten gegenüber Vorgesetzten und Mitarbeitern war jederzeit vorbildlich.

Der Mitarbeiter war im höchsten Maße zuverlässig.

Das Verhalten gegenüber Vorgesetzten und Mitarbeitern war vorbildlich.

S: Wir bedauern das Ausscheiden sehr und bedanken uns für stets sehr gute Leistungen.

Wir bedauern das Ausscheiden und bedanken uns für sehr gute Leistungen.

Mittlerer Leistungsbereich:

AL: Die Arbeiten wurden zu unserer vollen Zufriedenheit erledigt.
Die Arbeitsqualität von Frau xy war überdurchschnittlich.
Die Arbeiten wurden immer zu unserer Zufriedenheit erledigt.
Die Arbeitsqualität von Frau xy entsprach jederzeit den Anforderungen.

AW: Die Aufgaben wurden stets mit Sorgfalt und Genauigkeit erledigt.
Herr yx war verantwortungsbewusst.
Herr yx zeigte keine Unsicherheiten bei der Ausführung seiner Aufgaben.

V: Das Verhalten gegenüber Vorgesetzten und Mitarbeitern war gut.
Das Verhalten gegenüber Vorgesetzten und Mitarbeitern gab zu Beanstandungen keinen Anlass.

S: Wir bedauern das Ausscheiden und bedanken uns für gute Leistungen.
Wir danken für die Mitarbeit.

(AL = Arbeitsleistung, AW = Arbeitsweise, V = Verhalten, S = Schlusssatz)

Schlechte Leistungen:

AL: Die Arbeiten wurden im Großen und Ganzen zu unserer Zufriedenheit erledigt.

Herr xy hat sich bemüht, die Arbeit zu unserer Zufriedenheit zu erledigen.

Frau yx war in der Regel erfolgreich.

Die Arbeitsqualität entsprach meistens den Anforderungen.

AW: Die Aufgaben wurden im Allgemeinen mit Sorgfalt und Genauigkeit erledigt.

Frau yx bemühte sich, die Aufgaben sorgfältig zu erledigen.

Herr yx war bestrebt, sich neuen Situationen anzupassen.

Herr xy war stets bemüht, den üblichen Arbeitsaufwand zu bewältigen.

V: Das Verhalten war insgesamt angemessen.

Frau xy bemühte sich um ein gutes Verhältnis zu Vorgesetzten und Kollegen.

S: Wir danken für das Streben nach einer guten Leistung.

Wir danken bei dieser Gelegenheit.

Formulierungsmöglichkeiten, die außergewöhnliche Tatsachen beschreiben sollen:

Mit seinen Vorgesetzten ist er gut zurecht gekommen.	Er ist ein Mitläufer, der sich gut anpasst. (Die Erwähnung der Kollegen fehlt.)
Er war tüchtig und wusste sich gut zu verkaufen.	Er ist ein unangenehmer und rechthaberischer Wichtigtuer.
Wegen seiner Pünktlichkeit war er stets ein gutes Vorbild.	Er war in jeder Hinsicht eine Niete. (Gilt nur für sehr qualifizierte Tätigkeiten, da der Hinweis auf wichtigere Qualifikationen fehlt.)
Wir haben uns im gegenseitigen Einvernehmen getrennt.	Häufig: Wir haben ihm gekündigt.
Er hat sich im Rahmen seiner Fähigkeiten eingesetzt.	Er hat getan was er konnte, aber das war nicht viel.
Wir lernten ihn als umgänglichen Kollegen kennen.	Man sah ihn lieber von hinten als von vorne.
Durch seine Geselligkeit trug er zur Verbesserung des Betriebsklimas bei.	Er neigte zu übertriebenem Alkoholgenuss („Ungeschminkte" Erwähnung von Alkoholgenuss im Zeugnis ist gerichtlich untersagt.)
Für die Belange der Belegschaft bewies er stets Einfühlungsvermögen.	Suchte nach Sexkontakten bei Betriebsangehörigen (Direkte Erwähnung dieser Tatsache ist ebenfalls verboten).
Für die Belange der Belegschaft bewies er / sie ein umfassendes Einfühlungsvermögen.	Er / sie ist homosexuell (verboten)
Wir wünschen ihr alles Gute, vor allem Gesundheit.	Entwertung des Zeugnisses durch ironische Formulierung.

Koordinierte er die Arbeit seiner Mitarbeiter und gab klare Anweisungen	Autoritärer Führungsstil
Wir schätzten seinen großen Eifer	Streber (wenn keine weiteren Eigenschaften erwähnt werden)
Galt im Kollegenkreis als toleranter Mitarbeiter	Für die Vorgesetzten ein unangenehmer Mensch
Verstand er es stets, seine Interessen in unserem Unternehmen durchzusetzen	Unangenehm und kompromissunfähig
Er delegierte mit vollem Erfolg	Drückeberger
Verfügt über gesundes Selbstvertrauen	Schaumschläger, Große Klappe

Auswertungs-Vorlage

1. Ablauf und Vorentscheidung

Schriftliche Unterlagen komplett:

❏   ja

❏   fehlt noch: _____

_____

Referenzen / Auskünfte erforderlich? Wenn ja, welche:

a) _____

_____

Urteil: ❏ positiv   ❏ negativ

b) _____

Urteil: ❏ positiv   ❏ negativ

1. Interview am _____

bei: _____

_____

2. Interview am _____

bei: _____

_____

Ergebnisse aus Vorgesprächen: _____

_____

_____

2. Werdegang

Besondere fachliche Qualifikationen: _____

_____

_____

_____

Berufserfahrung:_____

_____

_____

_____

Ausbildung / Studium: _____

_____

_____

_____

Wird in der Probezeit/Einarbeitungszeit Unterstützung erforderlich?

Wenn ja, welche:_____

_____

Aufbau der beruflichen Entwicklung:

- ❏   gezielt
- ❏   im Ganzen gezielt
- ❏   eher passiv
- ❏   unstrukturiert
- ❏   nicht erkennbar

3. Einstellungen

Hat der Bewerber die Konditionen akzeptiert:_____
_____

Geäußerte Laufbahnpläne: _____
_____
_____
_____

Einstellung zur beruflichen Weiterbildung:
- ❏　wichtig für die Karriere
- ❏　interessant
- ❏　indifferent
- ❏　ablehnend

Reaktionen des Bewerbers auf die Erläuterungen zu seiner neuen Aufgabe:
_____
_____
_____
_____

Familiäre Verhältnisse:
- ❏　gut bis sehr gut
- ❏　geordnet
- ❏　undurchsichtig

Einschätzung der neuen Tätigkeit:_____
_____
_____
_____

4. Verhalten

Während des Vorstellungsgespräches wirkte der Bewerber aufgrund verschiedener Verhaltensmerkmale, die leicht beobachtet werden können, mehr oder weniger positiv.

	Ja oder Positiv	Nein oder Negativ
Offener, fester Blick		
Sicheres Auftreten		
Gepflegt		
Gelöste Sitzhaltung		
Gestik und Mimik		
Sprachlicher Ausdruck		
Erstkontaktverhalten		
Gelassenheit		
Begeisterungsfähigkeit, Motivation		
Konzentration		
Initiative		

5. Zusammenfassender Gesamteindruck

Positiv ist an dem Bewerber: _____

_____

_____

_____

Vorbehalte bestehen hinsichtlich: _____

_____

_____

_____

In der Probezeit zu beachten: _____

_____

_____

_____

Zum weiteren Vorgehen: _____

_____

_____

_____

Nächstes Gespräch am: _____

Zunächst abhängig von: _____

_____

_____

6. Entscheidung:

Einstellung:

❑ befürwortet

❑ mit Bedenken befürwortet

❑ zurückgestellt

❑ abgelehnt

Datum:_____

Kurzzeichen der Interviewer:_____